# 计算机平面设计（Photoshop）

主 编：宝 航 王 超 郑 帅

东北师范大学出版社

长 春

**图书在版编目（CIP）数据**

计算机平面设计：Photoshop/宝航，王超，郑帅
主编. 一长春：东北师范大学出版社，2022.10
ISBN 978 - 7 - 5681 - 9726 - 7

Ⅰ. ①计… Ⅱ. ①宝… ②王… ③郑… Ⅲ. ①平面设
计一图像处理软件 Ⅳ. ①TP391.413

中国版本图书馆 CIP 数据核字（2022）第 199815 号

□责任编辑：万英瑞 □封面设计：创智时代
□责任校对：徐 莹 □责任印制：许 冰

东北师范大学出版社出版发行
长春净月经济开发区金宝街 118 号（邮政编码：130117）
电话：0431-84568132
网址：http：// www.nenup.com
东北师范大学音像出版社制版
吉林省良原印业有限公司印装
长春市净月小合台工业区（邮政编码：130117）
2022 年 10 月第 1 版 2022 年 10 月第 1 次印刷
幅面尺寸：210mm×285mm 印张：15 字数：482 千

定价：55.80 元

# 前　言

　　本书主要面向平面设计员、网页美工、多媒体设计员等，根据高职高专的教学特点，以基于企业端的真实工作项目作为教材内容的主要载体，将软件操作技能与艺术设计修养融入项目案例，以渐进式地培养学生的职业能力。

　　本书的内容包括计算机平面设计职业技能和 Photoshop 基础知识两大部分。其中职业技能部分对应平面设计员典型的工作任务，包含卡片设计、数码照片处理、海报设计、DM 广告设计和户外广告设计五个模块，每个模块中又包含若干个项目任务，其中教学项目强调知识的理解和技能的掌握，工作项目强调技能的熟练与经验的积累。基础知识部分对应 Photoshop 软件的理论知识和操作技法，包含抠图、修图、造型、合成、特效和调色技法，是对职业技能部分的有力支撑和必要补充。

　　本书是基于 Photoshop 2021 编写的，建议读者使用该版本软件，如果读者使用的是其他版本的软件，也可以正常学习本书所有内容。

　　由于编者的水平有限及专业的快速发展，书中难免有不妥之处，敬请读者批评指正。

宝　航

2022 年 8 月 16 日

# 目　录

## 第一部分　计算机平面设计职业技能

**模块一　卡片设计** …………………………………………………………………… 003

项目 1.1　商务名片 ……………………………………………………………………… 003

项目 1.1.1　学校教师名片（教学项目） ………………………………………… 003

项目 1.1.2　商城购物卡（工作项目） …………………………………………… 009

项目 1.2　活动卡片 ……………………………………………………………………… 012

项目 1.2.1　校园"一卡通"（教学项目） ………………………………………… 012

项目 1.2.2　医疗健康卡（工作项目） …………………………………………… 015

项目 1.3　邀请函 ………………………………………………………………………… 018

项目 1.3.1　迎接新生晚会邀请函（教学项目） ………………………………… 018

项目 1.3.2　书友会邀请函（工作项目） ………………………………………… 021

**模块二　数码照片处理** ………………………………………………………………… 024

项目 2.1　数码照片处理 ………………………………………………………………… 024

项目 2.1.1　证件快照处理（教学项目） ………………………………………… 024

项目 2.1.2　人像照片更换背景（工作项目） …………………………………… 025

项目 2.2　数码照片美化 ………………………………………………………………… 027

项目 2.2.1　人像照片美容（教学项目） ………………………………………… 027

项目 2.2.2　修复老照片（工作项目） …………………………………………… 033

**模块三　海报设计** ……………………………………………………………………… 035

项目 3.1　商业海报 ……………………………………………………………………… 035

项目 3.1.1　社团招新海报（教学项目） ………………………………………… 035

项目 3.1.2　商场夏季促销海报（工作项目） …………………………………… 039

项目 3.2　文化海报 ……………………………………………………………………… 044

项目 3.2.1　会议海报（教学项目） ……………………………………………… 044

项目 3.2.2　音乐会宣传海报（工作项目） ……………………………………… 050

项目 3.3　产品海报 ……………………………………………………………………… 054

项目 3.3.1　餐饮产品海报（教学项目） ………………………………………… 054

　　项目 3.3.2　汽车宣传海报(工作项目) ·············································· 060

　项目 3.4　公益海报 ··········································································· 067

　　项目 3.4.1　学雷锋活动海报(教学项目) ········································· 067

　　项目 3.4.2　环保宣传海报(工作项目) ············································· 070

**模块四　DM 单设计** ·········································································· 078

　项目 4.1　单折页 DM ········································································ 078

　　项目 4.1.1　学校招生简章(教学项目) ············································· 078

　　项目 4.1.2　商场新年促销(工作项目) ············································· 082

　项目 4.2　三折页 DM ········································································ 087

　　项目 4.2.1　社团开放日(教学项目) ················································ 087

　　项目 4.2.2　幼儿园招生宣传(工作项目) ········································· 093

**模块五　户外广告设计** ······································································ 100

　项目 5.1　灯箱——学校食堂灯箱广告设计(开放项目) ······················ 100

# 第二部分　Photoshop 基础知识与技巧

**K1.1　基础操作** ················································································ 107

　K1.1.1　文件操作 ············································································· 107

　K1.1.2　环境设置 ············································································· 112

　K1.1.3　更改图像尺寸 ······································································· 113

　K1.1.4　图像变换 ············································································· 118

**K1.2　抠图技法** ················································································ 123

　K1.2.1　选　区 ················································································· 123

　K1.2.2　抠图——基础技法 ································································ 126

　K1.2.3　抠图——高级技法 ································································ 131

**K1.3　修图技法** ················································································ 137

　K1.3.1　修补工具 ············································································· 137

　K1.3.2　磨　皮 ················································································· 140

**K1.4　造型技法** ················································································ 142

　K1.4.1　画　笔 ················································································· 142

　K1.4.2　颜　色 ················································································· 145

　K1.4.3　橡皮擦 ················································································· 147

　K1.4.4　形　状 ················································································· 148

　K1.4.5　文　字 ················································································· 151

　K1.4.6　路　径 ················································································· 156

**K1.5　合成技法** ·································································· 159

　K1.5.1　图　层 ·································································· 159

　　K1.5.1.1　图层的基本操作 ······································· 159

　　K1.5.1.2　图层的上下关系 ······································· 162

　K1.5.2　蒙版 ······································································ 165

　　K1.5.2.1　蒙版基础知识 ··········································· 165

　　K1.5.2.2　图层蒙版建立方法 ··································· 169

　　K1.5.2.3　其他蒙版建立方法 ··································· 171

　K1.5.3　通　道 ·································································· 176

　K1.5.4　图层样式 ······························································ 179

　　K1.5.4.1　混合选项 ················································· 179

　　K1.5.4.2　图层样式 ················································· 183

　K1.5.5　图层混合模式 ······················································ 187

**K1.6　特效技法** ·································································· 192

　K1.6.1　滤镜——风格化 ··················································· 192

　K1.6.2　滤镜——模糊 ······················································ 197

　K1.6.3　滤镜——扭曲 ······················································ 202

　K1.6.4　滤镜——其他 ······················································ 207

**K1.7　调色技法** ·································································· 216

　K1.7.1　对比度调整 ·························································· 216

　K1.7.2　颜色调整 ····························································· 223


**参考文献** ············································································· 232

# 第一部分　计算机平面设计职业技能

卡片制作标准

# 模块一　卡片设计

卡片设计是平面设计员的典型工作任务之一，本模块包括名片设计、活动卡片设计和邀请函设计三个项目，每个项目内又包括两个子项目，分别为教学项目和与之对应的工作项目，学生在课上以学校图文工作室学员的身份完成教学项目，课下以广告公司学徒的身份完成企业端的工作项目，渐进式地培养学生的职业能力和综合素养。

## 项目 1.1　商务名片

### 项目 1.1.1　学校教师名片（教学项目）

**教学内容**：设计制作商务名片。

**教学目的**：名片设计与制作是平面设计员的典型工作之一，要求通过本项目学习，使学生掌握商务名片设计与制作的流程、标准和常用技法。

**项目情景**：学生作为学校图文工作室的学员，为教师设计个人名片。要求设计的名片要符合行业标准，既要满足其自身的功能性需求，又要符合教师的身份，还要满足学校的视觉形象识别。

**任务 A：制作名片正面成品图**

1. 新建 PS 文件

（1）【文件】菜单→【新建】打开新建对话框，设置参数如图 P1.1.1－1 所示。

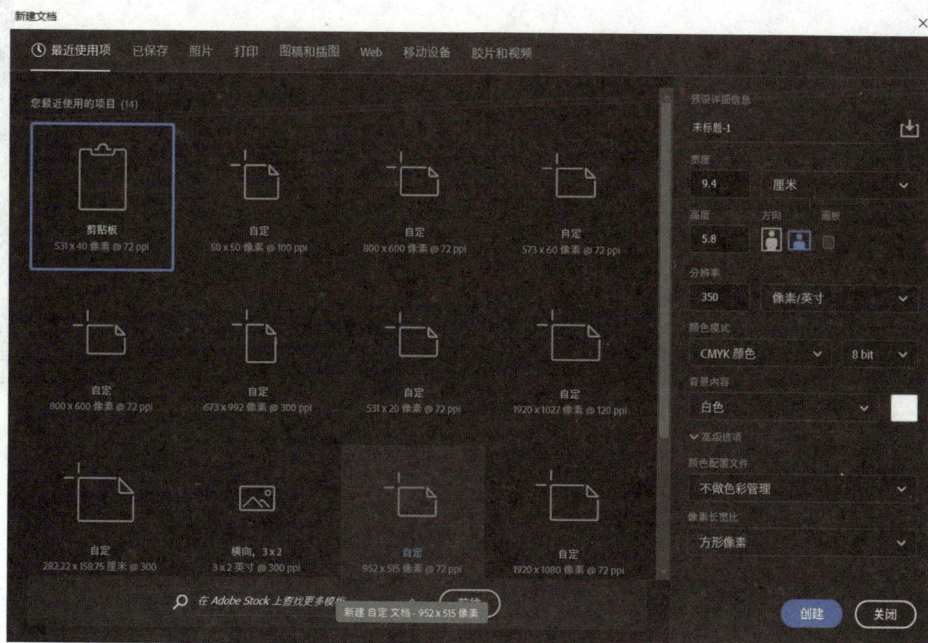

图 P1.1.1－1

文件尺寸：宽度 9.4 厘米、高度 5.8 厘米　分辨率：350 像素/英寸　颜色模式：CMYK

2. 制作出血位

(1)【视图】菜单→【标尺】显示标尺。

(2)【编辑】菜单→【首选项】→【单位与标尺】将标尺单位改为"毫米",如图 P1.1.1—2 所示。

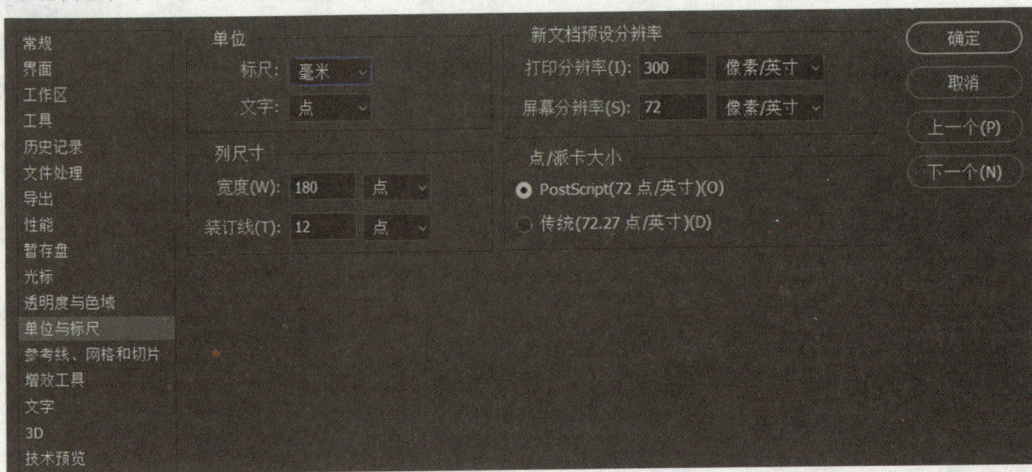

图 P1.1.1—2

(3)使用【工具】面板【移动工具】从【标尺】上拖拽出 X＝2 毫米、X＝92 毫米、Y＝2 毫米、Y＝56 毫米的 4 条"参考线",即印刷出血位。如图 P1.1.1—3 所示。

图 P1.1.1—3

注意:如果不能精确设置"参考线",可以通过【缩放工具】放大工作区,按住"Shift"键的同时拖拽"参考线"即可。

3. 建立"正面成品图"图层组

(1)【图层】面板→【创建新组】→建立"组 1"。

(2)鼠标双击"组 1"名称位置,更改组名为"正面成品图"。

4. 置入并调整 LOGO 图片

(1)【文件】菜单→【置入嵌入对象】命令。

（2）打开素材文件所在目录，找到"LOGO"图片，选择【置入】放入 Photoshop 中。

（3）拖拽"LOGO"图片的"角控制点"等比例缩放图片，并选择【提交变换】，如图 P1.1.1－4 所示。

图 P1.1.1－4

（4）使用【工具】面板的【移动工具】调整"LOGO"图片的位置

注意：如果 LOGO 图层没有在正面成品图图层组中，可拖动 LOGO 图层到正面成品图图层组中。

5. 使用文字工具制作个人信息

（1）【工具】面板→【横排文字工具】→【属性栏】设置字体：华文行楷；字号：14 点；消除锯齿方法：浑厚；文本颜色：黑色。在【工作区】适当位置键入学校中文名称，并更改该图层的名称。

（2）【图层】面板→【创建新图层】→建立"图层 1"。

（3）【工具】面板→【横排文字工具】→【属性栏】设置字体：Baskerville；字号：8 点；消除锯齿方法：浑厚；文本颜色：黑色。在【工作区】适当位置键入学校英文名称，并更改该图层的名称。

（4）【字符】面板→【字符字距调整】调整英文名称字间距并与中文名称对齐，如图 P1.1.1－5 所示。

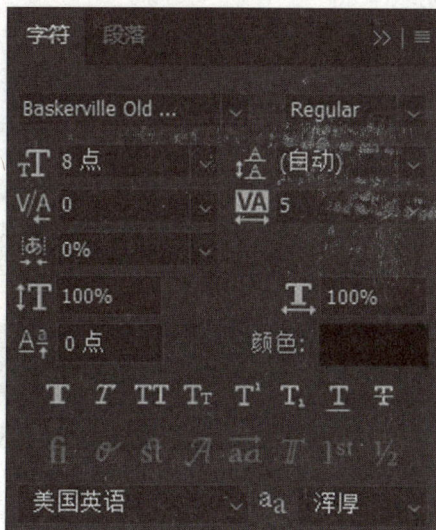

图 P1.1.1－5

（5）【图层】面板→【添加图层样式】→【渐变叠加】为英文名称添加样式，如图 P1.1.1－6 所示。

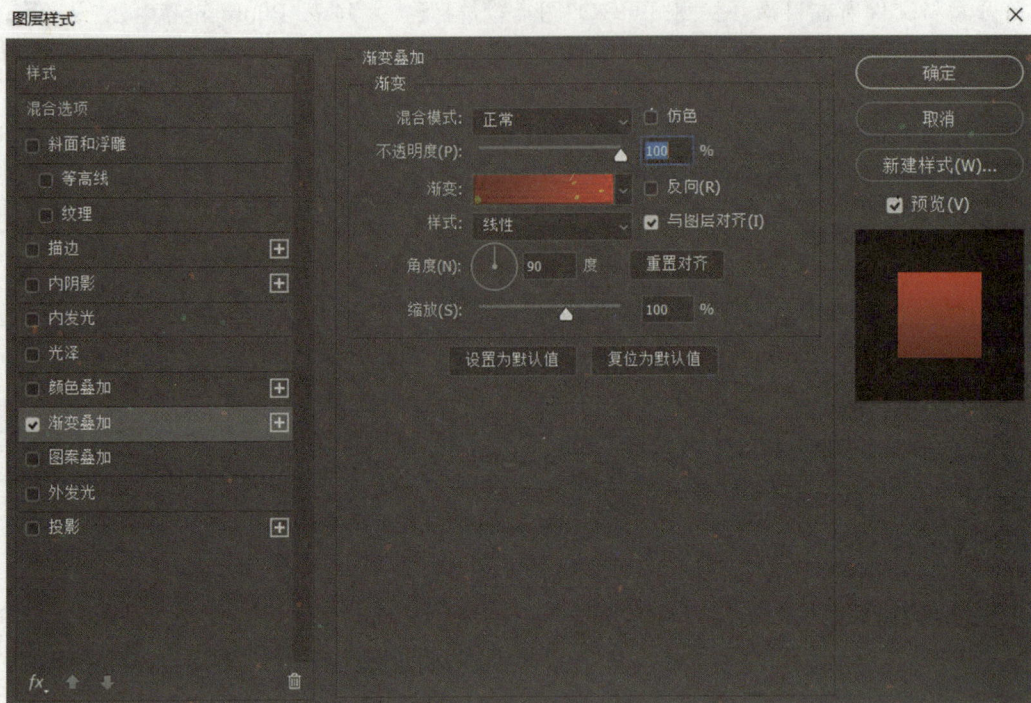

图 P1.1.1-6

　　【渐变】选项上单击打开【渐变编辑器】，双击"左下色标"打开【拾色器】面板→设置颜色"C＝0、M＝90、Y＝80、K＝45"→双击"右下色标"打开【拾色器】面板→设置颜色，如图 P1.1.1-7、图 P1.1.1-8 所示。"样式"设置为"线性"，"角度"设置为"90°"。

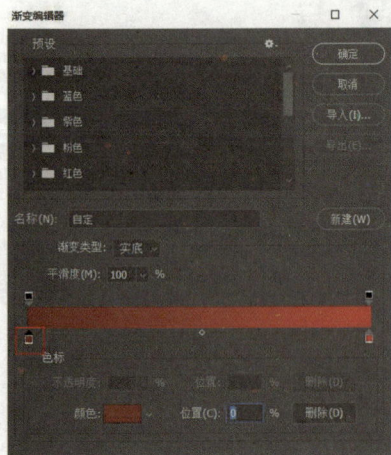

图 P1.1.1-7

图 P1.1.1-8

　　(6)在"学校英文名称图层"上单击鼠标右键，在弹出的菜单中选择【拷贝图层样式】，在"学校中文名称图层"上单击鼠标右键，在弹出的菜单中选择【粘贴图层样式】。

　　(7)使用【横排文字工具】设置"姓名""职务""联络方式"等其他个人信息。

　　6.使用矩形选区和填充制作分割线和底边

　　(1)【图层】面板→【创建新图层】→建立新图层并更改名称。

　　(2)【工具】面板→【设置前景色】→【拾色器】→设置颜色"C＝85、M＝50、Y＝0、K＝0"。

（3）【工具】面板→【矩形选框工具】→在适当位置拖拽制作矩形选区。

（4）【工具】面板→【油漆桶】→向选区中填充前景色（快捷键 Alt ＋ Delete）。

（5）【选择】菜单→【变换选区】→拖动控制点水平缩放选区。

（6）【编辑】菜单→【变换】→【斜切】→【斜切属性栏】→设置【H】（水平斜切）为"－25 度"→【提交变换】→"Delete"键删除选区→底边制作完成。

（7）使用【矩形选区】和【前景色】制作分割线。

7. 使用【横排文字工具】制作"LNNC"学校英文名称缩写。

任务 A：制作名片正面成品图的最终效果如图 P1.1.1－9 所示。

图 P1.1.1－9

**任务 B：制作名片背面成品图**

（1）依据"正面成品图"的蓝色底边→设置【参考线】。

（2）【图层】面板→【创建新组】→建立"背面成品图"。

（3）【图层】面板→【指示图层可见性】→隐藏"正面成品图"。

（4）使用【矩形选框工具】和【前景色】制作"背面成品图"的"蓝色底边"。

（5）【复制图层】→"蓝色底边"→得到"蓝色上边"图层。

（6）【图层】面板→【指示图层可见性】→隐藏"背面成品图"，显示"正面成品图"。

（7）【复制图层】→复制"正面成品图"中的"学校中文名称""学校英文名称""姓名"到"背面成品图"的图层组中（按住"Ctrl"键选择不连续的图层）。

（8）【更改渐变叠加样式】→鼠标双击"学校中文名称"图层的【渐变叠加】效果→更改渐变叠加的颜色为："左下色标"→设置颜色"C＝100、M＝60、Y＝0、K＝45"，"右下色标"→设置颜色"C＝85、M＝50、Y＝0、K＝0"。

（9）使用【复制图层样式】【粘贴图层样式】更改其他文本图层的【渐变叠加】效果。

（10）使用【横排文字工具】制作校训并添加样式。

（11）使用【移动工具】选择"校训""校名"等 4 个文本图层（按住"Shift"键选择连续的图层）→【移动工具属性栏】→【水平居中对齐】和【垂直居中分布】→对齐和分布文本图层。

（12）【置入嵌入对象】→"微信二维码"图片并调整大小。

（13）【文件】菜单→【存储】→选择保存位置并设置文件名称。

（14）【文件】菜单→【存储为】→【格式】→"JPEG"→【JPEG 选项】→"最佳"。

任务 B：制作名片背面成品图的最终效果如图 P1.1.1－10 所示。

辽宁民族师范高等专科学校
LIAONING NATIONAL NORMAL COLLEGE

厚德 和合 博学 笃行

某 某

图 P1.1.1—10

**任务 C：制作名片效果图**

(1)【工具】面板→【矩形选框工具】→框选出血位内部区域。

(2)【编辑】菜单→【合并拷贝】。

(3)【文件】菜单→【新建文件】

文件尺寸：宽度 9 厘米、高度 5.4 厘米

分辨率：350 像素/英寸　颜色模式：CMYK

(4)【编辑】菜单→【粘贴】将"背面成品图"合并拷贝到新建文件中。

(5)【编辑】菜单→【自由变换】→改变"背面成品图"的大小和角度。

(6)【合并拷贝】【粘贴】【自由变换】→"正面成品图"。

(7)【图层】面板→【添加图层样式】→【投影】为"正面成品图"添加样式。

"混合模式"设置为"正片叠底"、"颜色"为"黑色"、"不透明度"为"75％"。

(8)设置"角度"为"120°"、"距离"为"19 像素"、"扩展"为"6％"、"大小"为"21 像素"，如图
P1.1.1—11 所示。

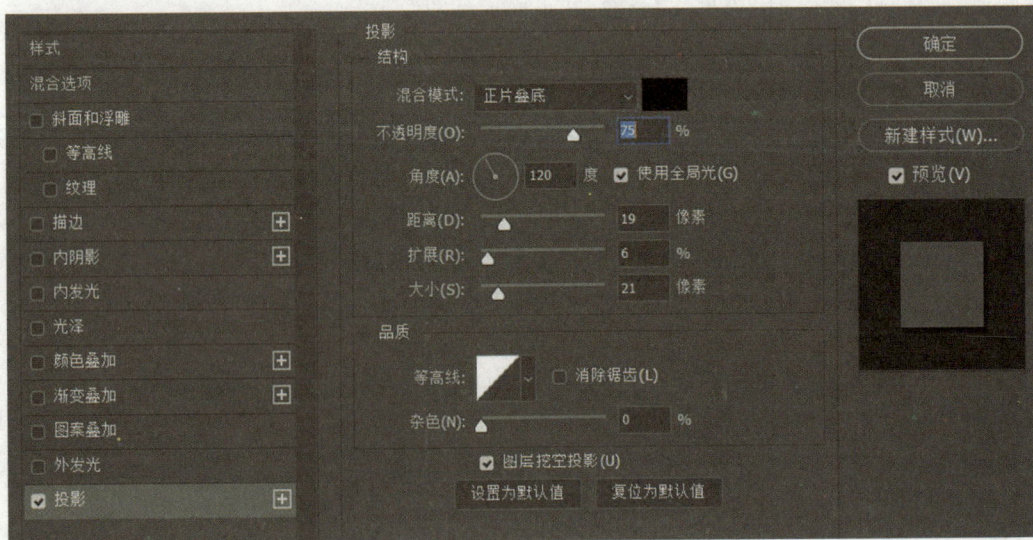

图 P1.1.1—11

(9)【复制图层样式】【粘贴图层样式】→为"背面成品图"添加样式。

(10)【置入嵌入对象】→置入背景图片并更改图层顺序。

(11)保存文件。

任务 C：制作名片效果图的最终效果如图 P1.1.1—12 所示。

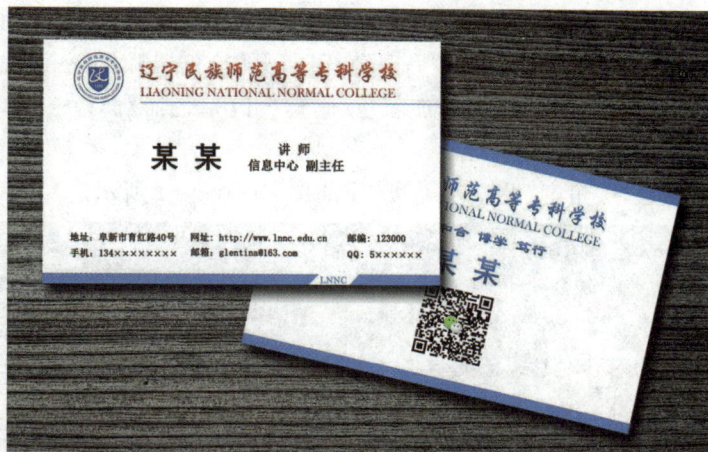

图 P1.1.1—12

## 项目 1.1.2　商城购物卡(工作项目)

**教学内容**：设计制作商场购物卡片。

**教学目的**：纸质卡片的设计与制作和名片类似，是平面设计员的典型工作之一。通过本项目的学习，学生对教学项目中知识目标与能力目标进行进一步的巩固与训练，熟练掌握商务纸质卡片设计与制作的流程、标准和常用技法。

**项目情景**：学生作为校企合作广告公司的学徒，为某商场设计购物卡片。要求设计的购物卡片要符合行业标准，既要满足其自身的功能性需求，又要满足商场的视觉形象识别。

**设计思路**：商场购物卡整体采取曲线型版式设计，缤纷的礼盒展现出了活跃的购物气氛，丝带环绕使整个画面生动活泼，突出了商场购物的主题。

**任务 A——制作商场购物卡正面成品图**

1. 新建 PS 文件(设置同项目 1.1.1 学校教师名片)。

2. 制作出血位(设置同项目 1.1.1 学校教师名片)。

3. 建立"正面成品图"图层组。

4. 置入并调整背景和飘带图片。

5. PSD 文件中图层的拷贝

(1)打开"素材 1"PSD 文件。

(2)选择"礼盒"图层→【复制图层】到"商城购物卡(成品图)"PSD 文件。

(3)切换回"商城购物卡(成品图)"PSD 文件→选择"礼盒"图层→【添加图层样式】→【投影】。

(4)分别置入"素材 1"PSD 文件中的其他素材。

6. 建立选区，通过剪切新建图层

(1)【工具】面板→【矩形选框工具】→选择"装饰"图层的一个花朵建立选区。

(2)【图层】菜单→【新建】→【通过剪切的图层】→以选中的花朵选区中的内容建立新图层→调整位置。

(3)以此类推调整其他花朵的位置。

7. 用文字工具制作"购物卡""广告词"和"卡号"文本。

8. 样式文字(描边、投影、斜面和浮雕)

(1)"购物卡"图层面板→【添加图层样式】→【描边】样式，其中，"大小"设置为"6"、"位置"设置为"外部"、"不透明度"设置为"100%"。

【填充类型】→【渐变】选项上单击打开【渐变编辑器】→双击"左下色标"打开【拾色器】面板→设置颜色"C＝0、M＝60、Y＝100、K＝25"→双击"右下色标"打开【拾色器】面板→设置颜色"C＝0、M＝60、Y＝100、K＝25"→单击"中部色标"位置添加新色标→打开【拾色器】面板→设置颜色"C＝0、M＝0、Y＝25、K＝0"。

"样式"设置为"进发状"，"角度"设置为"0度"，如图 P1.1.2－1 所示。

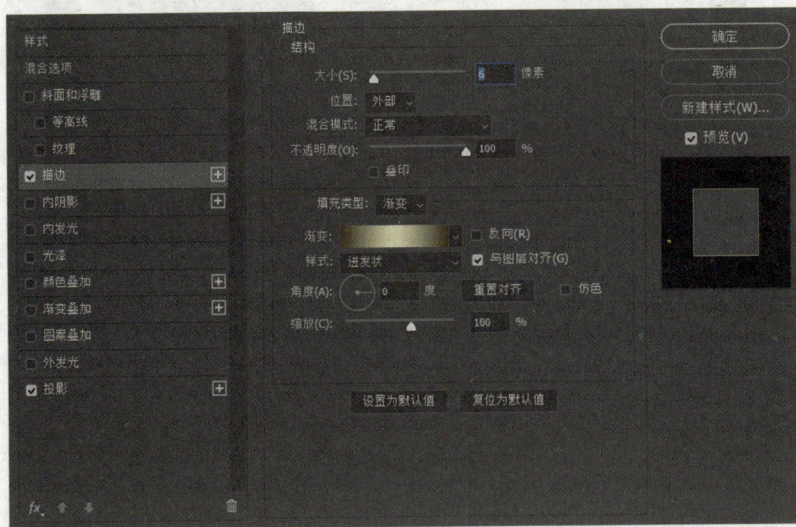

图 P1.1.2－1

（2）"购物卡"【图层】面板→【添加图层样式】→【投影】样式，其中【混合模式】设置为"正片叠底"、【颜色】设置为"黑色"、【不透明度】设置为"75％"、【角度】设置为"120°"、【距离】设置为"6 像素"、【扩展】设置为"0％"、【大小】设置为"12 像素"。

（3）"卡号"【图层】→【属性栏】设置"字体：Time New Roman；字号：6点；消除锯齿方法：浑厚；文本颜色：黑色"；【图层】面板→【添加图层样式】→【斜面和浮雕】样式，其中【结构】→【样式】设置为"外斜面"、【方法】为"平滑"、【大小】为"5 像素"、【软化】为"0 像素"；【阴影】→【角度】设置为"120度"、【高度】设置为"30 度"、【高光模式】设置为"滤色、白色"、【阴影模式】设置为"正片叠底、黑色"，如图 P1.1.2－2 所示。

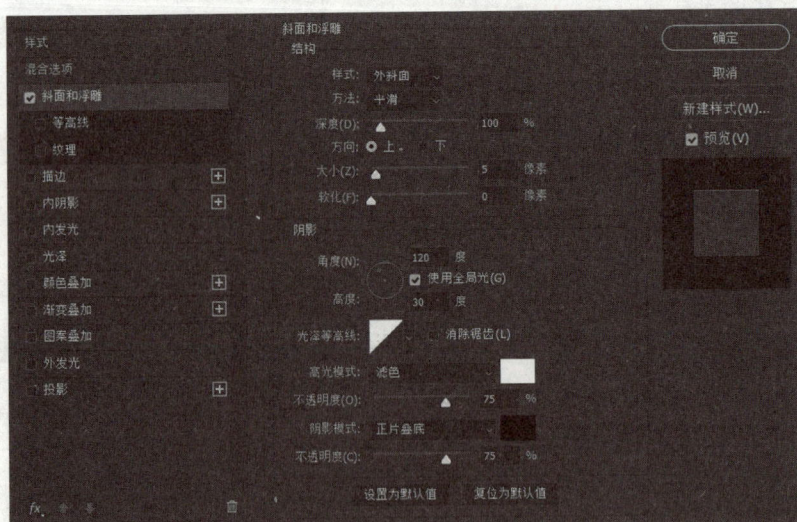

图 P1.1.2－2

任务 A：制作商场购物卡正面成品图的最终效果如图 P1.1.2－3 所示。

图 P1.1.2－3

### 任务 B——制作商场购物卡背面成品图

1. 建立"背面成品图"图层组。

2. 置入和拷贝背景及其他素材图片。

3. 使用【矩形选框工具】和【填充】制作黑色磁条。

4. 使用【横排文字工具】制作卡片背面文字。

5. 使用【段落文本】设置文本边界

【图层】面板→【创建新图层】→【工具】面板→【横排文字工具】→【横排文字工具属性栏】→"字体"为："微软雅黑"；"字号"为："5 点"；"颜色"为"黑色"→鼠标左键拖拽出矩形文本框→键入文本字段。

6. 段落面板设置段落格式

【段落】面板→【对齐方式】设置为："左对齐"。

7. 保存文件。

任务 B：制作商场购物卡背面成品图的最终效果如图 P1.1.2－4 所示。

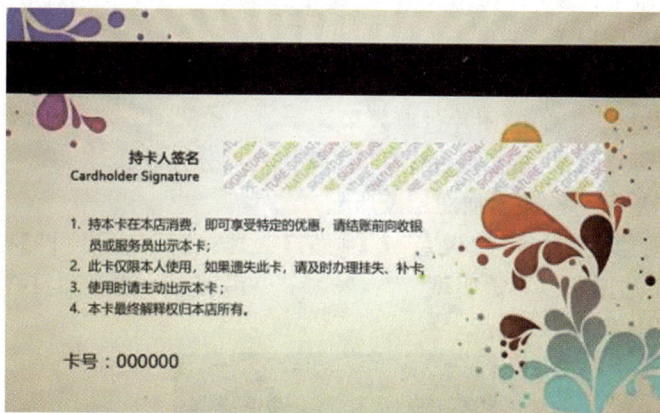

图 P1.1.2－4

### 任务 C——制作商场购物卡效果图

1. 合并拷贝图层。

2. 渐变工具制作背景

(1)【图层】面板→【创建新图层】→更改名称为"背景"。

(2)【工具】面板→【渐变工具】→【渐变工具选项栏】

【编辑渐变】→选择一种"渐变预设"→"线性渐变"模式→拖动建立渐变区域。

3. 投影样式制作阴影。

任务 C：制作商场购物卡效果图的最终效果如图 P1.1.2－5 所示。

图 P1.1.2—5

# 项目 1.2  活动卡片

## 项目 1.2.1  校园"一卡通"（教学项目）

**教学内容：**设计校园"一卡通"

**教学目的：**塑料卡片的设计与制作和纸质卡片有共同之处，但制作工艺是有区别的，通过本项目的学习，学生可以掌握塑料卡片设计与制作的流程、标准和典型技法。

**项目情景：**学生作为学校图文工作室的学员，为同学们设计校园"一卡通"。要求设计的校园卡要符合行业标准，既要满足其自身的功能性需求，又要符合学生身份、满足学校的视觉形象识别。

### 任务 A——制作校园"一卡通"正面成品图

1. 新建 PS 文件

文件尺寸：9.4 厘米×5.8 厘米   分辨率：350 像素/英寸   颜色模式：CMYK

2. 制作出血位

制作 2 毫米的印刷出血位和 X=11 毫米、X=51 毫米的 2 条"参考线"为"校园风光"图片确定位置。

3. 建立"正面成品图"图层组。

4. 置入并调整"校园风光"和 LOGO 图片。

5. 使用图层蒙版制作"校园风光"图片过渡效果。

(1)使用【移动工具】调整两张"校园风光"图片位置使其部分叠放。

(2)"校园风光 1"【图层】面板→【添加图层蒙版】。

(3)【工具】面板→"前景色"设置为"黑色"，【画笔】工具→【画笔属性栏】设置"大小"为："200 像素"；"预设样式"为："柔边圆"；"不透明度"为："30％"→沿着图片边缘和重叠部分涂抹"图层蒙版"产生图片过渡效果，如图 P1.2.1—1 所示。

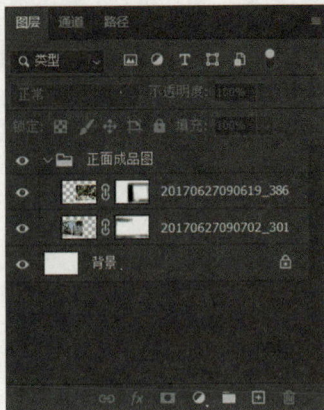

图 P1.2.1—1

6. 用文字工具和样式制作样式文本

(1)使用文字工具制作"学校中文名称""英文名称""校园卡"和"校训"文本。

(2)给"学校中文名称"和"学校英文名称"图层添加"渐变叠加"图层样式。

(3)给"校园卡"和"校训"图层添加"投影"图层样式。

7. 使用矩形选区并填充制作底边。

任务 A：制作校园"一卡通"正面成品图的最终效果如图 P1.2.1—2 所示。

图 P1.2.1—2

### 任务 B——制作校园"一卡通"背面成品图

1. 建立"背面成品图"图层组。

2. 拷贝"正面成品图"部分图层。

【复制图层】→复制"正面成品图"中的 LOGO、"学校中文名称"、"学校英文名称"、"校园卡"、"校训"、"底边"到"背面成品图"的图层组中。

3. 单行选框工具和描边制作分割线

(1)【图层】面板→【创建新图层】→建立分割线图层。

(2)【工具】面板→【单行选框工具】→建立单行选区→【编辑】菜单→【描边】设置"宽度"为："3 像素""颜色"为："C＝85、M＝50、Y＝0、K＝0"；"位置"为："居中"制作分割线。

4. 使用【横排文字工具】制作卡片背面文字。

5. 使用【矩形选框工具】和【描边】制作照片框和磁卡槽式。

6. 制作水印

(1)新建 PS 文件

文件尺寸：9.4 厘米×5.8 厘米　分辨率：350 像素/英寸　颜色模式：CMYK

(2)【新建图层】→【工具】面板→【横排文字工具】→【属性栏】

设置"字体"为："Arial"；"字号"为："14 点"；"消除锯齿方法"为："浑厚"；"文本颜色"为："C＝85、M＝50、Y＝0、K＝0"。在【工作区】适当位置键入"LNNC"文字，隐藏背景图层。

(3)【编辑】菜单→【定义图案】→校园一卡通水印。

(4)切换回"背面成品图"PS 文件。

(5)【新建图层】→【编辑】菜单→【填充】

设置"内容"为："图案"；"自定义图案"为："校园一卡通水印"；"不透明度"为："20％"。填充水印，如图 P1.2.1—3 所示。

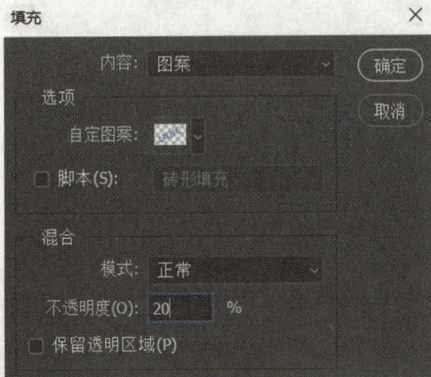

图 P1.2.1－3

任务 B：制作校园"一卡通"背面成品图的最终效果如图 P1.2.1－4 所示。

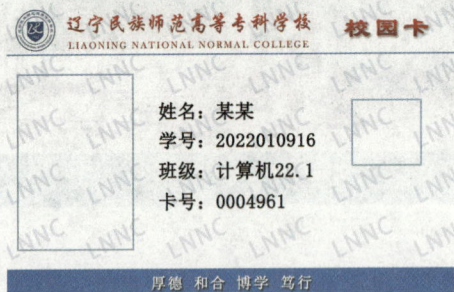

图 P1.2.1－4

## 任务 C：正面效果图设计与制作

1. 建立"正面效果图"图层组。

2. 合并拷贝"正面成品图"。

3. 制作卡片圆角效果

（1）新建一个图层→【工具】面板→【圆角矩形工具】→【属性栏】"半径"为："50 像素"→出血位内部区域建立圆角矩形。

（2）按住"Ctrl"键并单击"圆角矩形"图层缩略图→选择"圆角矩形"选区，【选区】菜单→【反向】→"Delete"键删除。

任务 C：正面效果图设计与制作的最终效果如图 P1.2.1－5 所示。

图 P1.2.1－5

## 任务 D：背面效果图设计与制作

1. 建立"背面效果图"图层组。

2. 合并拷贝"背面成品图"。

3. 置入个人照片和芯片图片

(1)置入"一寸照片"图片并调整大小和位置。

(2)置入"银行卡"图片→矩形选框工具选择"芯片"区域→"通过拷贝的图层"。

(3)"银行卡"图层→删除图层。

(4)【工具】面板→橡皮擦工具→擦除"芯片"多余部分。

4. 制作卡片圆角效果。

任务 D：背面效果图设计与制作的最终效果如图 P1.2.1－6 所示。

图 P1.2.1－6

校园一卡通的最终效果如图 1.2.1－7 所示。

图 P1.2.1－7

## 项目 1.2.2 医疗健康卡（工作项目）

**教学内容：** 设计医疗健康卡。

**教学目的：** 通过本项目的学习，学生对教学项目中知识目标与能力目标进行进一步的巩固与训练，熟练掌握商务塑料卡片设计与制作的流程、标准和常用技法。

**项目情景：** 学生作为校企合作广告公司的学徒，为某医疗机构设计医疗健康卡。要求设计的卡片要符合行业标准，既要满足其自身的功能性需求，又要满足医疗机构的视觉形象识别。

**设计思路：** "医疗健康卡"采取满版型和稳定型版式设计，层次清晰，传达信息准确明了，以绿色和黄绿色进行色彩搭配，给人视觉上的舒适感。添加花朵能给整个画面带来温馨的感觉，突出关爱健康、关爱生命的主题。

### 任务 A——制作医疗健康卡正面成品图

1. 新建 PS 文件（设置同项目 1.2.1 校园"一卡通"）。

2. 制作出血位。

3.建立"正面成品图"图层组。

4.使用渐变工具制作背景。

5.制作正面成品图文本

(1)使用文本工具制作"卡号""医疗健康卡"英文名称和中文名称文字。

(2)为"医疗健康卡"中文名称图层添加"投影""渐变叠加""斜面和浮雕"图层样式。

(3)"医疗健康卡"中文名称【图层】面板→【添加图层样式】→"外发光"

"混合模式"设置为"滤色";"不透明度"设置为"30%";"杂色"设置为"0%";"方法"设置为"柔和";"扩展"设置为"0%";"大小"设置为"25 像素";"范围"设置为"50%";"抖动"设置为"0%",如图 P1.2.2-1 所示。

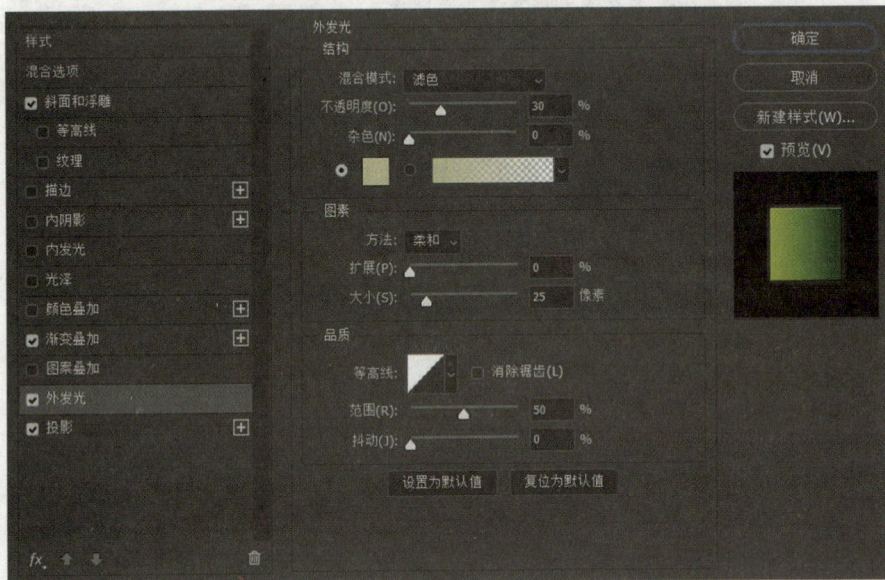

图 P1.2.2-1

6.置入"花朵"图片

(1)置入并调整"花朵"图片。

(2)为"花朵"图层添加"投影"图层样式。

(3)为"花朵"图层添加"图层蒙版",使用画笔沿着花朵与圆圈重叠部分涂抹。

(4)复制"花朵"图层并调整"投影"样式。

(5)"花朵副本"【图层】面板→【图层混合模式】→"填充"设置为"0%",如图 P1.2.2-2 所示。

图 P1.2.2-2

7. 设置圆圈效果

(1)置入圆圈图片并添加图层蒙版。

(2)全黑填充图层蒙版。

(3)使用白色半透明的柔边圆画笔编辑图层蒙版，使圆圈的一部分渐隐。

(4)调整圆圈图层的不透明度。

(5)以此类推制作其他圆圈效果。

任务 A：制作医疗健康卡正面成品图的最终效果如图 P1.2.2—3 所示。

图 P1.2.2—3

### 任务 B——制作医疗健康卡背面成品图

医疗健康卡背面成品图的制作方法与校园一卡通类似，不再赘述。

任务 B：制作医疗健康卡背面成品图的最终效果如图 P1.2.2—4 所示。

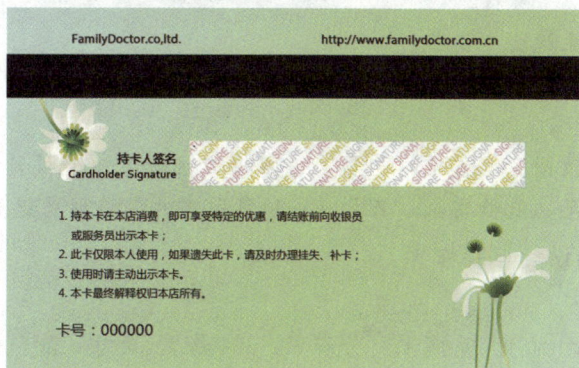

图 P1.2.2—4

### 任务 C：正面效果图设计与制作

医疗健康卡正面效果图的制作方法与校园一卡通类似，不再赘述。

任务 C：制作医疗健康卡正面效果图的最终效果如图 P1.2.2—5 所示。

图 P1.2.2—5

**任务 D：背面效果图设计与制作**

医疗健康卡背面效果图的制作方法与校园一卡通类似，不再赘述。

**任务 E：医疗健康卡效果图设计与制作**

（1）置入医疗健康卡正面效果图和背面效果图。

（2）设置正面效果图和背面效果图的图层样式→【斜面和浮雕】，参数设置如下："样式：内斜面；方法：平滑；深度：500％；大小：5 像素；软化：0 像素；角度：120°；高度：30°"。

医疗健康卡效果图的最终效果如图 P1.2.2—6 所示。

图 P1.2.2—6

# 项目 1.3　邀请函

## 项目 1.3.1　迎接新生晚会邀请函（教学项目）

**教学内容：**设计迎接新生晚会邀请函。

**教学目的：**邀请函也是一种典型的卡片。通过本项目的学习，学生掌握单折页邀请函设计与制作的流程、标准和典型技法。

**项目情景：**学生作为学校图文工作室的学员，为学校迎接新生晚会设计邀请函。要求设计的邀请函要符合行业标准，既要满足功能性需求，又要满足项目所需的视觉形象识别。

**任务 A——封面成品图设计与制作**

1．新建 PS 文件

文件尺寸：宽度 21 厘米、高度 17 厘米　分辨率：300 像素/英寸　颜色模式：CMYK

2．制作出血位

使用【工具】面板的【移动工具】从【标尺】上拖拽出 X＝2 毫米，X＝168 毫米、Y＝2 毫米、Y＝208 毫米、Y＝85 毫米的 5 条【参考线】，即印刷出血位。

3．建立"封面成品图"图层组。

4．使用图案填充制作底纹

新建背景图层→【编辑】菜单→【填充】→填充图案。

5．制作花朵效果

（1）置入花朵等素材，调整位置、大小和角度。

（2）按"Shift"键选择所有花朵图层，鼠标右键单击菜单选择【合并图层】。

（3）将合并的图层复制出一个副本并进行【水平翻转】和【垂直翻转】。

（4）添加图层蒙版，用黑色半透明画笔进行编辑，使花朵出现部分渐隐效果。

（5）其他花朵的制作以此类推。

6．使用剪贴蒙版制作"邀请函"文本

（1）制作"邀请函"文本并添加"描边""投影"图层样式。

（3）为"邀请函"文本添加"内发光"图层样式，如图 P1.3.1－1 所示。

（4）复制"右上花朵"图层，将其移动到"邀请函"文本图层上方并遮盖文本。

（5）选中"右上花朵副本"图层的蒙版，按"Delete"键删除该蒙版。

（6）选中"右上花朵副本"图层，单击鼠标右键，在菜单中选择"剪贴蒙版"，实现"邀请函"文本被花朵剪贴的效果，如图 P1.3.1－2 所示。

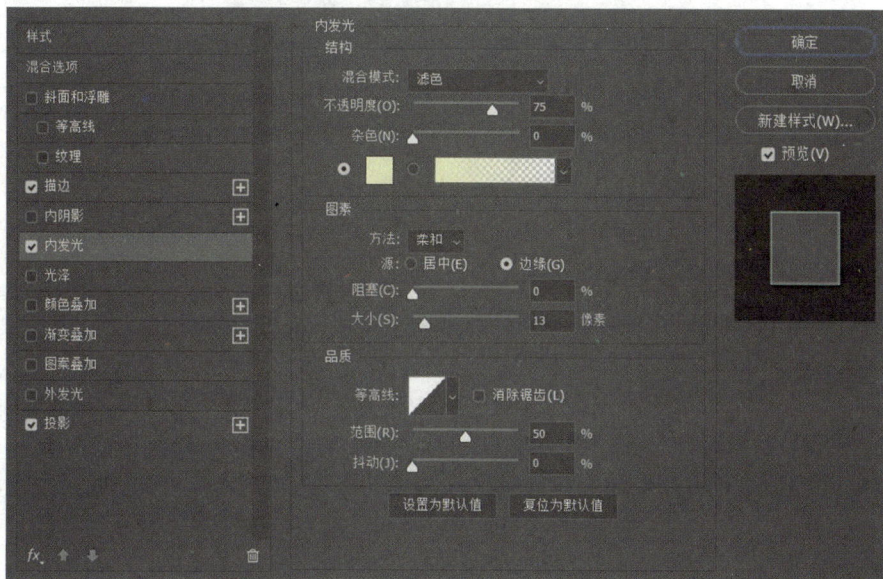

图 P1.3.1－1

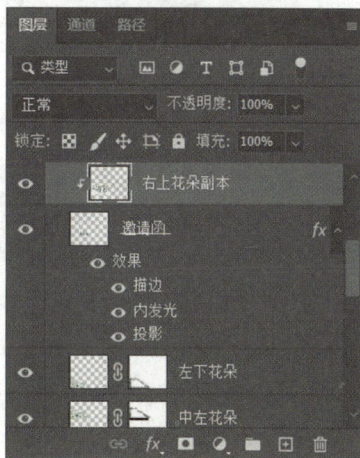

图 P1.3.1－2

7．使用选区渐变填充制作"学校迎新晚会"文本

（1）添加"学校迎新晚会"文本，单击鼠标右键，在菜单中选择【栅格化】。

（2）使用【矩形选框工具】按照"学校迎新晚会"文本大小建立矩形选区。

（3）使用【渐变工具】为选区添加渐变效果，实现颜色渐变的文本效果。

8．使用渐变叠加样式制作"我们来自五湖四海"文本

（1）添加"我们来自五湖四海"文本，进行【水平翻转】和【垂直翻转】。

（2）添加【渐变叠加】图层样式，实现"我们来自五湖四海"渐变的文本效果。

任务 A：封面成品图的最终效果如图 P1.3.1－3 所示。

图 P1.3.1－3

### 任务 B——内页成品图设计与制作

1. 建立"内页成品图"图层组，复制封面成品图底纹图层。
2. 置入树叶图片并调整位置、大小和角度。
3. 制作"邀请函"剪贴蒙版文本效果。
4. 制作其他内页文本并设置"投影"图层样式。

任务 B：内页成品图的最终效果如图 P1.3.1－4 所示。

图 P1.3.1－4

### 任务 C——内页效果图设计与制作

制作过程（略）。

迎接新生晚会邀请函整体效果图如图 P1.3.1－5 所示。

图 P1.3.1－5

## 项目 1.3.2 书友会邀请函(工作项目)

**教学内容:** 设计书友会邀请函。

**教学目的:** 通过本项目的学习,学生对教学项目中知识目标与能力目标进行进一步的巩固与训练,熟练掌握单折页邀请函设计与制作的流程、标准和常用技法。

**项目情景:** 学生作为校企合作广告公司的学徒,为某书友会设计书友会活动邀请函。要求设计的邀请函要符合行业标准,既要满足其自身的功能性需求,又要满足该书友会的视觉形象识别。

**设计思路:** "书友会邀请函"采取重心型版式设计,采取"联想创意法",以月亮表达"梦幻",以卡通元素背景表达"图书馆"是充满知识乐趣的海洋,以棕色和橙色进行邻近色搭配,突出"梦幻图书馆"的活动主题。

### 任务 A——封面成品图设计与制作

1. 新建 PS 文件(同项目 1.3.1)。

2. 制作出血位(同项目 1.3.1)。

3. 建立"封面成品图"图层组并在该图层组内建立"正面"和"背面"图层组。

4. 制作棕色封面正面背景。

5. 置入"底纹"素材图片。

6. 制作发光月亮效果

(1)新建图层→使用【椭圆选框工具】和【填充】制作圆月亮。

(2)给"月亮"图层添加"外发光"和"内发光"图层样式,实现发光月亮的效果,如图 P1.3.2-1 所示。

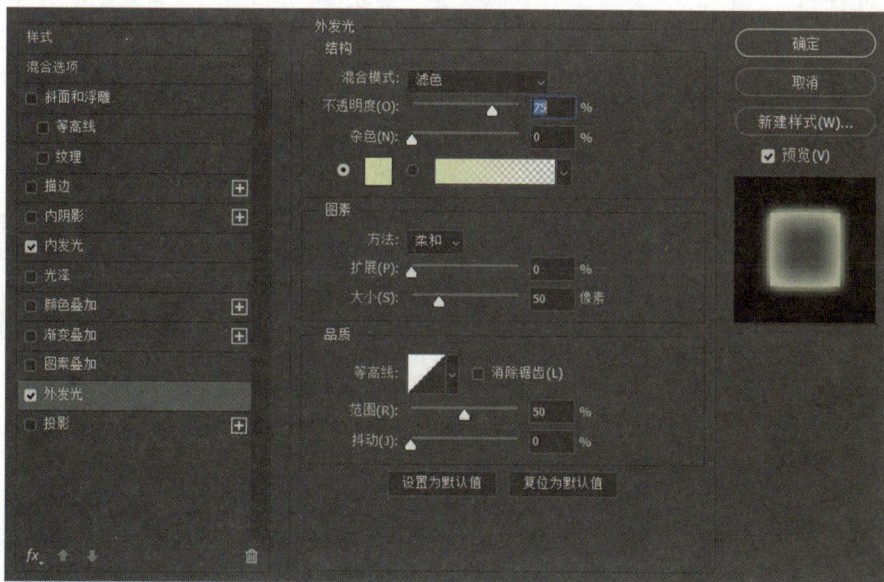

图 P1.3.2-1

7. 制作"书籍"阴影效果

(1)置入"书籍"素材,调整位置和大小。

(2)使用半透明柔边缘黑色画笔绘制书籍阴影。

8. 添加"梦幻图书馆"文本并设置"投影"图层样式。

9. 添加"邀请函"文本并设置"斜面和浮雕"和"描边"图层样式。

10. 添加"开放日"文本并设置"描边"图层样式。

11. 置入"蝴蝶"素材图片并调整好位置和大小。

12. 封面成品图背面的制作过程（略），注意其中的文字方向。

任务 A：封面成品图的最终效果如图 P1.3.2－2 所示。

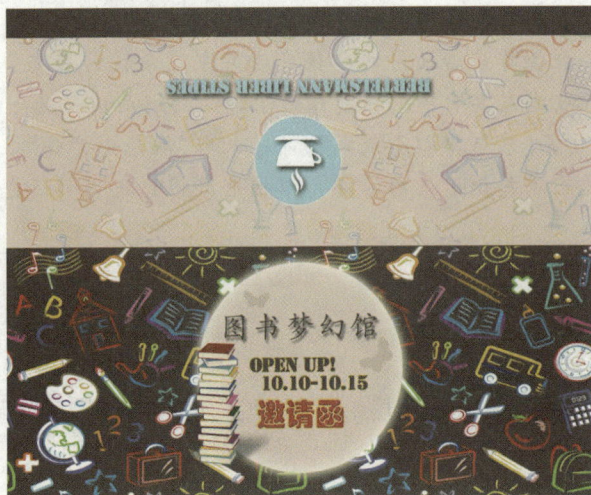

图 P1.3.2－2

### 任务 B——内页成品图设计与制作

1. 建立"内页成品图"图层组，制作内页背景。

2. 制作对角边框

(1)新建"边框"图层，适当放大工作区，使用【矩形选框工具】绘制细长的矩形选区→使用【渐变工具】为矩形选区添加从黑到白、从不透明到 30％不透明的渐变效果，如图 P1.3.2－3 所示。

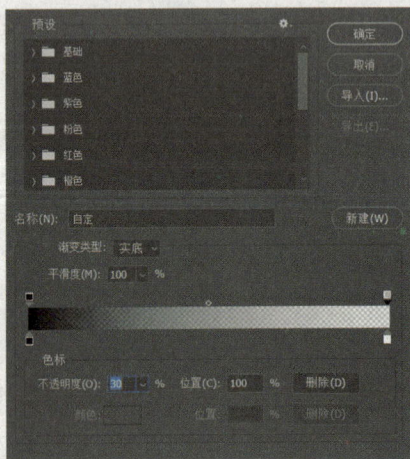

图 P1.3.2－3

(2)复制"边框"图层，将"边框"副本图层旋转 90°并调整位置，实现边框效果。

(3)以此类推制作对角边框。

3. 置入"底纹"图片制作内页底纹。

4. 置入"波浪"图片并设置"柔光"图层混合模式。

5. 置入"蝴蝶"图片并在【样式】面板中选择一种预设样式。

6. 制作"邀请函"渐变剪贴蒙版效果

(1)添加"邀请函"文本，并设置"斜面和浮雕""外发光"和"投影"样式。

（2）新建图层并绘制渐变效果。

（3）选择"渐变"图层，创建【剪贴蒙版】，实现渐变剪贴蒙版效果。

7. 置入"闪光"素材图片，并设置"滤色"图层混合模式，实现闪光的效果。

任务 B：内页成品图的最终效果如图 P1.3.2—4 所示。

图 P1.3.2—4

### 任务 C——内页效果图设计与制作

1. 内页中间折痕的制作

（1）沿着内页水平中线使用【单行选框工具】制作浅灰色的折痕中线。

（2）在折痕中线的上部制作从深灰到浅灰、从不透明到透明的渐变效果。

（3）在折痕中线的下部制作从深灰到浅灰、从不透明到透明的渐变效果。

任务 C：内页效果图的最终效果如图 P1.3.2—5 所示。

邀请函整体效果图如图 P1.3.2—6 所示。

图 P1.3.2—5

图 P1.3.2—6

## 模块二　数码照片处理

## 项目 2.1　数码照片处理

### 项目 2.1.1　证件快照处理（教学项目）

**教学内容**：证件快照处理和抠图技法。

**教学目的**：制作证件照是数码照片处理的基础应用之一，其使用的抠图和合成技法是数码照片处理的核心技术，也是平面设计员必须掌握的基本技能。通过本项目的学习，使学生掌握证件照的制作标准和典型的抠图技法。

**项目情景**：学生作为学校图文工作室的学员，为广大师生制作证件照。要求制作的证件照要符合行业标准，同时可以根据具体需求更换人物服装或证件照背景。

**任务 A：证件照换装**

1. 建立一寸证件照 PS 文件

（1）打开人像素材文件。

（2）更改图像尺寸。

打开"图像"菜单，选择"图像大小"选项，打开"图像大小"对话框，将图像大小设定为宽度 2.5 厘米、高度 3.5 厘米、分辨率 350 像素/英寸。

2. 人像抠图

点选"快速选择工具"，在素材图片上建立选区，这里需要注意的是，建立选区时应从选区内部向边缘点选，如图 P2.1.1－1、图 P2.1.1－2、图 P2.1.1－3 所示。

　　图 P2.1.1－1　　　　　图 P2.1.1－2　　　　　图 P2.1.1－3

3. 修改选区去毛边

当完成建立选区后点击"选择并遮住"按钮，进入如图 P2.1.1－4 所示的软件界面，在左侧菜单栏中选择"调整边缘画笔工具"，并在人物图像的边缘进行涂抹（注：该项功能主要应用于人物、动物等带有毛发部分的抠图操作），涂抹图像边缘后适当调整对比度与移动边缘参数，然后勾选"净化颜色"，并在"输出到"选项中选择"新建图层"，单击"确定"按钮，回到之前的图像编辑界面，在这里出现一个名为"背景 拷贝"的新图层，该图层的红色背景已被抠除。

图 P2.1.1—4

4. 添加红色背景

在抠选出的人像图层下面建立新图层并填充红色背景。

5. 添加正装

打开"男士证件照正装"PSD 文件，将第二个正装图片所在的图层复制到人像文件中，并将其置于所有图层最上方。选中正装图层，先将其栅格化，而后使用"魔棒工具"点选正装图层的白色边缘区域，如图 P2.1.1—5 所示，删除其白色背景，最后，使用快捷键"Ctrl＋T"将其缩放至合适大小，并放置在适合的位置，如图 P2.1.1—6 所示。

图 P2.1.1—5　　　　　　图 P2.1.1—6

## 项目 2.1.2　人像照片更换背景(工作项目)

**教学内容**：人像照片更换背景。

**教学目的**：通过本项目的学习，学生对教学项目中知识目标与能力目标进行进一步的巩固与训练，熟练掌握调整边缘抠图和图像合成技法等数码照片处理的核心技术。

**项目情景**：学生作为校企合作广告公司的学徒，为某客户的人像照片更换背景制作创意艺术照，要求人像照片能与背景有效合成，并具备一定艺术效果。

**设计思路**：根据客户提供的人像照片中人物的穿着打扮和光影效果，为其设计夏日海滩背景。通过模糊背景、模糊人像边缘和模糊人像头发等操作使整张图片产生层次感；通过对人物亮度、对比度和整体环境光晕的调整，使人像与背景进一步融合。

### 任务 A——人物抠图

**1. 使用"快速选区工具"选取不包含发丝部分的人物**

打开素材图片，使用"快速选择工具"，在素材图片上建立选区，这里需要注意的是，建立选区时应从选区内部向边缘点选，如图 P2.1.2－1 所示。

图 P2.1.2－1

**2. 使用"选择并遮住"功能选取人物发丝**

点击"选择并遮住"按钮，在左侧菜单栏中点选"调整边缘画笔工具"，接着，在人物图像的边缘进行涂抹，涂抹图像边缘后适当调整对比度与移动边缘参数（这里的"对比度"与"移动边缘"参数分别为15％、－30％），然后勾选"净化颜色"，并在"输出到"选项中选择"新建图层"，单击"确定"按钮，回到之前的图像编辑界面，在这里出现一个名为"背景 拷贝"的新图层，此时可以看到该图层的原背景已被抠除，如图 P2.1.2－2 所示。

图 P2.1.2－2

**3. 处理头发细节**

以"背景 拷贝"图层为基础，盖印出一个名为"图层 1"的新图层；选择"加深工具"，利用该工具对头发外轮廓区域进行加深处理。

### 任务 B——合成图像

**1. 模糊背景**

打开风景素材图片并用裁剪工具进行适当裁剪，在菜单栏中依次单击【滤镜】→【模糊】→【高斯模糊】，使背景模糊。

2. 模糊人物边缘

将之前抠选好的人物图片所在的图层复制到风景文件中，按住"Ctrl"键并单击人物图层的缩略图建立人物选区，选择【选择】→【修改】→【羽化】，设置羽化值为3像素，使用快捷键"Shift＋Ctrl＋I"进行反选，选择【滤镜】→【模糊】→【高斯模糊】，使人像边缘模糊，与背景更好地融合。

3. 调整人物影调

按住"Ctrl"键并单击人物图层的缩略图建立人物选区，添加色阶调整层调整人物亮度和对比度，使人物与背景的影调更加搭配。

4. 添加光晕效果

使用快捷键"Shift＋Ctrl＋Alt＋E"盖印图层，选择【滤镜】→【渲染】→【镜头光晕】，给图像添加光晕效果。

5. 调整细节

再次盖印图层，使用"模糊工具"对图像中人物右侧飘起的头发进行涂抹，以得到模糊的效果，处理后的图像效果如图 P2.1.2－3 所示。

图 P2.1.2－3

# 项目 2.2　数码照片美化

## 项目 2.2.1　人像照片美容(教学项目)

**教学内容**：数码照片的美化。

**教学目的**：数码照片的美化是数码照片处理的重要内容之一，其使用的修复和调整技法是数码照片处理的核心技术，也是平面设计员必须掌握的基本技能。通过本项目的学习，使学生掌握数码照片美化的标准流程和典型技法。

**项目情景**：学生作为学校图文工作室的学员，修复人物数码照片是必须掌握的基本技能。要求能够修复照片中的各种瑕疵并进行人像美化。

**任务 A——修复污点**

1. 去红眼

打开素材文件，复制背景图层，使用【红眼工具】在人物眼睛部位单击去除红眼。

2. 去痦子

使用【污点修复画笔工具】在人物面部的痦子上涂抹去除痦子。

**任务 B——人像磨皮**

1. 高反差保留＋三次计算磨皮

打开【通道】面板，选择其中的绿色通道并将其复制，选中复制出的绿色通道，选择【滤镜】→【其它】→【高反差保留】，打开"高反差保留"对话框，"半径"设置为适当参数（此处的"适当参数"指的是令人物面部的红斑与人物的毛发基本显示出来即可），如图 P2.2.1－1 所示，设置好后单击"确定"按钮。

保持"绿 拷贝"通道的选中状态，选择【图像】→【计算】，打开"计算"对话框，将其中的"混合"设置为"正片叠底"，单击"确定"按钮完成了第一次计算，如图 P2.2.1－2 所示。

 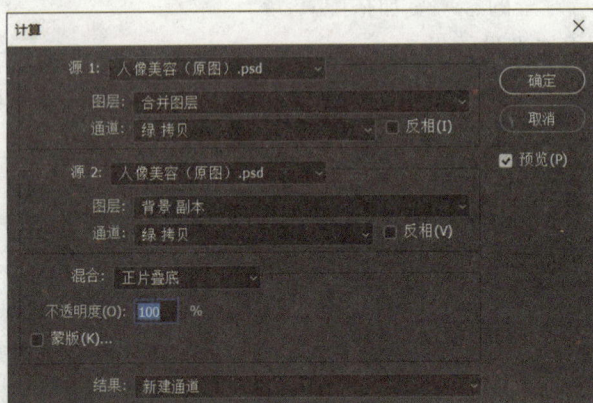

图 P2.2.1－1                                    图 P2.2.1－2

再一次选择【图像】→【计算】，保持默认设置，单击"确定"按钮完成第二次计算；接着，按照上述的操作方法完成第三次计算，这时，我们会发现图片中人物面部的红斑都暴露了出来，并且与其面部上无红斑部位的皮肤形成了鲜明的对比，如图 P2.2.1－3 所示。

按住"Ctrl"键，单击"通道"面板中第三次计算生成的 Alpha 通道的缩略图，选中人物皮肤没有问题的部分，使用快捷键"Shift＋Ctrl＋I"反选，将有问题的皮肤选中，单击"通道"面板中的"RGB"通道使图像变回彩色模式，切换到【图层】面板，添加"曲线"调整层，如图 P2.2.1－4 所示，通过改变曲线形状提亮问题皮肤，效果如图 P2.2.1－5 所示。

 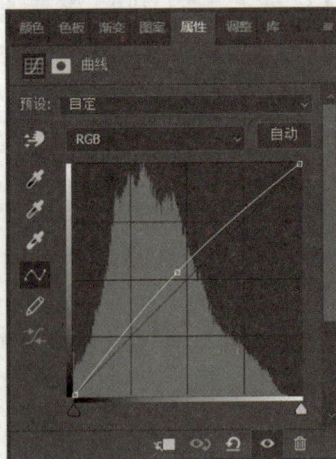 

图 P2.2.1－3                图 P2.2.1－4                图 P2.2.1－5

2. 蒙尘与划痕磨皮

"Shift＋Ctrl＋Alt＋E"盖印图层，选择【滤镜】→【杂色】→【蒙尘与划痕】，打开"蒙尘与划痕"对话框，设置"半径"为"3"、"阈值"为"1"，对整个图像进行模糊处理；为该图层添加图层蒙版，并将图层蒙版的颜色填充为黑色，使用白色画笔在图层蒙版上对人物的皮肤进行涂抹，处理过后，人物图像的效果如图 P2.2.1－6 所示。

图 P2.2.1－6

3. 高斯模糊磨皮

　　盖印图层，选择【滤镜】→【模糊】→【高斯模糊】，打开"高斯模糊"对话框，将"半径"设置为"2.8"，单击"确定"按钮，此时，可以看到对整个图像都进行了模糊处理。为该图层添加图层蒙版，并将图层蒙版的颜色填充为黑色，使用白色画笔在图层蒙版上对人物的皮肤进行涂抹，这里需要注意的是，涂抹过程中需要注意不断调整画笔的"不透明度"与"流量"，由此来合理处理头发与皮肤间、五官皮肤与面部皮肤间等的过渡效果，此外，还可利用黑色画笔来调整面部整体外轮廓、五官轮廓等部位。处理后人物图像的效果如图 P2.2.1－7 所示。

图 P2.2.1－7

　　盖印图层，再次进行高反差保留＋三次计算磨皮，效果如图 P2.2.1－8 所示。

图 P2.2.1－8

**任务 C：修复瑕疵**

**1. 加深减淡调整细节**

盖印图层，选择【加深工具】和【减淡工具】，将"曝光度"调整得偏小一些，对人物的眉毛、眼睫毛、眼睛、鼻子的轮廓、面部的外轮廓等进行加深处理，对人物眼窝的上部等位置进行减淡处理，处理后的图像效果如图 P2.2.1－9 所示。

图 P2.2.1－9

**2. 修复额头**

盖印图层，选择【修复画笔工具】，按住"Alt"键拾取修复源后，对人像的额头位置进行精修处理，处理后的图像效果如图 P2.2.1－10 所示。

图 P2.2.1－10

**3. 美化眼睛**

盖印图层，选择【模糊工具】和【锐化工具】，分别涂抹人像的眉毛与眼睛以获得眉毛的模糊效果与眼睛的锐化效果，处理后的图像效果如图 P2.2.1－11 所示。

图 P2.2.1－11

4. 美化嘴唇

盖印图层，选择【海绵工具】，先将"模式"设置为"加色"，然后涂抹嘴唇与头发，以增加嘴唇与头发的色彩饱和度，处理后的图像效果如图 P2.2.1—12 所示。

图 P2.2.1—12

### 任务 D：色调调整

1. 色彩平衡调整使人像红润

盖印图层，添加【色彩平衡】调整层，分别调整"色调"选项中的"阴影""中间调""高光"的参数，如图 P2.2.1—13、图 P2.2.1—14、图 P2.2.1—15 所示；最终，调整好的图像如图 P2.2.1—16 所示。

图 P2.2.1—13

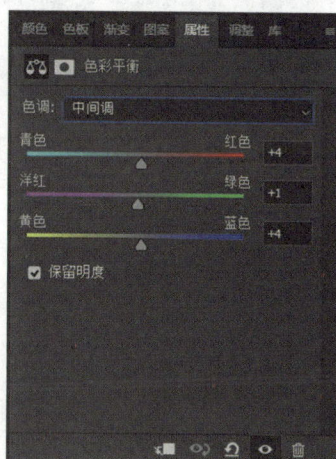

图 P2.2.1—14

图 P2.2.1—15

图 P2.2.1—16

2. 色相饱和度调整增加人像的饱和度和明度，使色彩更加鲜艳和饱满

添加【色相/饱和度】调整层，参数设置如图 P2.2.1－17 所示，调整好的图像效果如图 P2.2.1－18 所示。

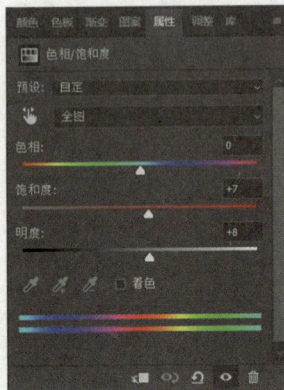

图 P2.2.1－17　　　　　　　图 P2.2.1－18

### 任务 E：亮度、对比度调整

1. 曲线调整增加图像亮度和对比度

添加【曲线】调整层，在界面右上方调整曲线的弯曲度以增加其对比度，设置的样式如图 P2.2.1－19 所示；最终，调整好的图像如图 P2.2.1－20 所示。

图 P2.2.1－19　　　　　　　图 P2.2.1－20

2. 色阶调整增加图像亮度和对比度

添加【色阶】调整层，然后在界面右上方调整黑、白色阶参数，让它们向中间聚拢，整体偏向白色阶，具体的设置参数如图 P2.2.1－21 所示；最终，调整好的图像如图 P2.2.1－22 所示。

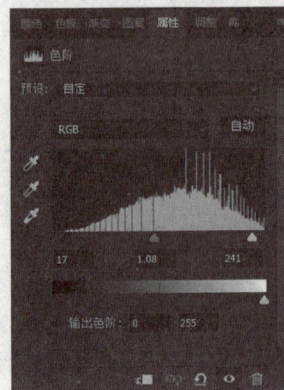

图 P2.2.1－21　　　　　　　图 P2.2.1－22

3. 精修人物面部

盖印图层，利用【仿制图章工具】修补眉毛和嘴角部位；添加新图层，设置该图层混合模式为"柔光"，对"不透明度"做适当调整，将前景色设置为所需的颜色，使用【画笔工具】对人物的眉毛与两腮部位进行涂抹，使人物的面部更显自然。盖印图层，选择【滤镜】→【锐化】→【USM 锐化】，对人像进行锐化处理；然后利用【锐化工具】涂抹人物的面部皮肤，以达到精修皮肤的目的。最终的人像美容效果如图 P2.2.1－23 所示。

图 P2.2.1－23

## 项目 2.2.2　修复老照片(工作项目)

**教学内容：** 修复老照片。

**教学目的：** 老照片的修复也是数码照片处理的重要内容之一，是数码照片处理、修复、美化技术的综合应用。通过本项目的学习，让学生对教学项目中知识目标与能力目标进行进一步的巩固与训练，使学生掌握数码照片修复的标准流程和典型技法。

**项目情景：** 学生作为校企合作广告公司的学徒，要对某客户送来的有一定破损的人像老照片进行修复和美化。要求能够修复破损部分，并对修复后的老照片上色和美化。

**设计思路：** 利用客户提供的人像照片中完好的部分修复破损的部分，军帽部分破损严重，需要一定的想象力复原图像；对修复后的图像还要进行磨皮等美化，最后将美化后的图像上色。

### 任务 A——修复老照片

1. 将原图变为黑白照

打开素材文件，复制背景图层，选择【图像】→【调整】→【去色】，将图片进行去色处理；添加【色阶】调整层，增加图片的对比度。

2. 修复衣服

盖印图层，选择【仿制图章工具】，适当调整图章工具的大小与不透明度，按"Alt"键选择适当位置作为修复的参照点，在需要修复的位置涂抹，即可修复人物的衣服，需要注意的是：使用图章工具之前要设置好"源"，使用图章工具时要注意衣服纹理的走向、明暗的程度，此外在使用图章修复衣服时还要不断调整图章工具的大小与不透明度，以保证修复的效果。

3. 修复面部和帽子

盖印图层，使用【仿制图章工具】修复人像面部和帽子的前部区域。

4. 修复帽子复杂局部

使用【钢笔工具】在图片中绘制帽子破损部分的外轮廓路径，并将其变为选区，然后使用【仿制图章工具】修复选区内的破损部分。

5. 人像抠图

使用【快速选择工具】和【选择并遮住】对人像进行抠图，并添加灰色背景图层。

### 任务 B——修复稿上色

1. 三次磨皮

盖印图层，并使用"高反差保留＋三次计算""蒙尘与划痕""高斯模糊"对人像进行三次磨皮。

2. 调整眉毛、眼睛与面部

盖印图层，使用【画笔工具】绘制出人物左眼眉毛的外轮廓，以优化其眉形；使用【加深工具】对左眼眉毛轮廓内部区域进行加深处理；使用【锐化工具】涂抹人像的眼睛，使其出现眼仁光的锐化效果；使用【加深工具】和【减淡工具】修复人物面部下半部的阴影区域。

3. 图片上色

创建新图层并调整图层混合模式为"柔光"，降低图层"不透明度"，将"前景色"设置成适当的颜色；使用【画笔工具】给人物的衣服上色。

以此类推，完成帽子、领章、皮肤、牙齿、嘴唇、衬衣和像章的上色。

4. 精修面部

盖印图层，使用【仿制图章工具】进一步修复人物面部的阴影区域，并使用【仿制图章工具】调整人物右半边面部的脸型，以完成人像面部的精修。

海报制作标准

# 模块三　海报设计

海报是广告艺术中的一种大众化载体，又名"招贴"。一般都张贴在公共场所。由于海报具有尺寸大、远视强、艺术性高的特点，因此，海报在宣传媒介中占有重要的位置。本模块通过制作商业海报、文化海报、产品海报和公益海报4个项目，讲解海报的设计方法和制作技巧。

## 项目 3.1　商业海报

### 项目 3.1.1　社团招新海报（教学项目）

**教学内容：** 设计学校社团招新海报。

**教学目的：** 海报设计与制作是平面设计员的典型工作之一，通过本项目的学习，使学生初步掌握商业海报设计与制作的流程、标准、设计思路和常用技法。

**项目情景：** 学生作为学校图文工作室的学员，为学校社团设计招新海报。要求设计的海报要符合行业标准，既要满足其自身的功能性需求，又能满足学校社团的视觉形象识别。

**任务 A：设计社团招新海报背景**

1. 新建 PS 文件

【文件】→【新建】打开新建对话框。

文件尺寸：宽度 5.7 厘米、高度 8.4 厘米（实际尺寸需放大十倍）。

分辨率：350 像素/英寸（实际分辨率在 100～300 像素/英寸）　颜色模式：CMYK

2. 制作海报背景

（1）置入背景图片。

（2）添加"色彩平衡"调整层调整背景色调，如图 P3.1.1－1 所示。

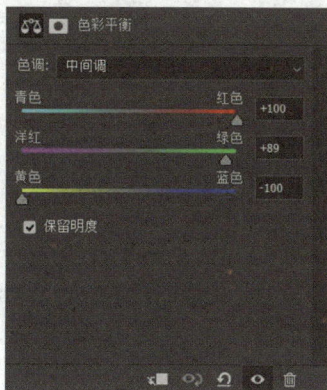

图 P3.1.1－1

3. 制作人物欢呼效果

（1）打开"人物"素材→"图像大小"→缩小十倍（注意：不同文件之间尺寸不匹配会导致无法复制图层组，所以需更改要复制的源文件尺寸以适应目标文件）。

（2）复制"人物欢呼"图层组到"社团招新海报"PSD 文件。

（3）切换回"社团招新海报"PSD 文件，调整"人物欢呼"图层组的位置、大小和部分人物图层的可见性（注意：取消【移动工具】属性栏中的"自动选择"才能整体移动图层组中的内容）。

（4）在"人物欢呼"图层组之上添加由红色渐变到蓝色的新图层，设置剪贴蒙版，实现"人物欢呼"图层组颜色渐变效果，即图层组剪贴蒙版。如图 P3.1.1－2 所示。

图 P3.1.1－2

### 任务 B：设计社团招新海报文本

1. 制作"社团招新"中文标题

（1）复制"龙书势如破竹简"字体文件到 C：\ Windows \ Fonts 文件夹，给本机安装该字体。

（2）添加"社团招新"文本，其中"字体"设置为："龙书势如破竹简"、"字号"设置为：→"36 点""颜色"设置为："绿色"。

（3）给"社团招新"图层添加"斜面和浮雕"和红色的"颜色叠加"图层样式，如图 P3.1.1－3 所示。

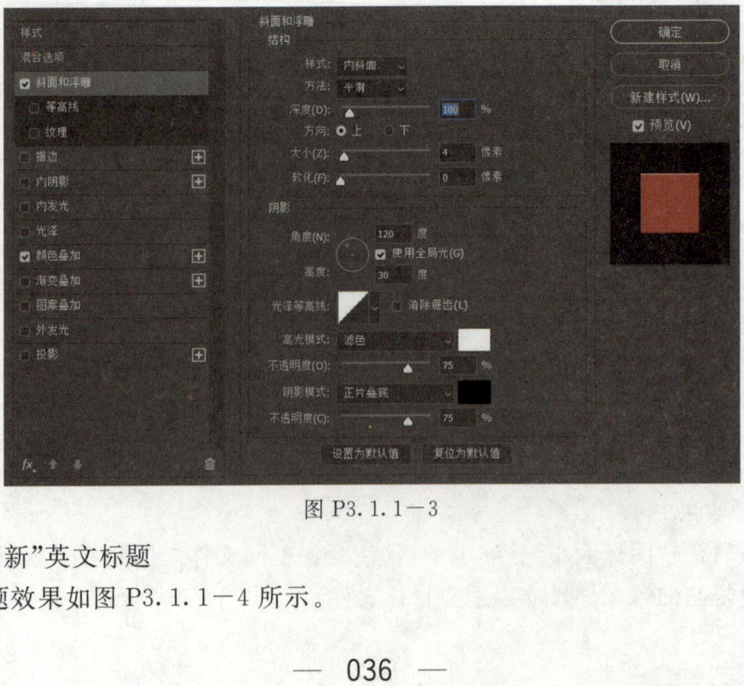

图 P3.1.1－3

2. 制作"社团招新"英文标题

"社团招新"标题效果如图 P3.1.1－4 所示。

图 P3.1.1-4

3. 制作"广告语"文本效果

(1)制作"青春动力　活力永动"广告语，并设置"描边"和"投影"图层样式，拷贝图层样式。

(2)制作"我们需要你这样的人才"广告语，粘贴图层样式。

(3)给"青春动力　活力永动"图层添加"黄、红、蓝"渐变剪贴蒙版。

(4)给"我们需要你这样的人才"图层添加"蓝、红、黄"渐变剪贴蒙版，如图 P3.1.1-5 所示。

"广告语"文本效果如图 P3.1.1-6 所示。

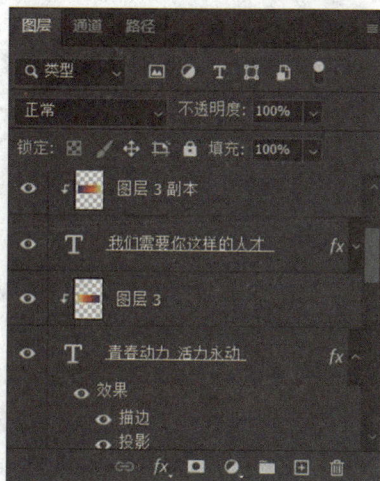

图 P3.1.1-5

图 P3.1.1-6

4. 制作学校名称变形文本效果

(1)添加学校中文名称文本，"字体"设置为："黑体"、"字号"设置为："10 点"。

(2)在文本工具的属性栏中选择"创建文字变形"按钮，如图 P3.1.1-7。

图 P3.1.1-7

打开"变形文字"对话框，设置"扇形""水平""弯曲"变形，如图 P3.1.1-8。

(3)选择【窗口】菜单→打开【样式】面板→选择一种预设样式。

学校名称变形文本效果如图 P3.1.1—9 所示。

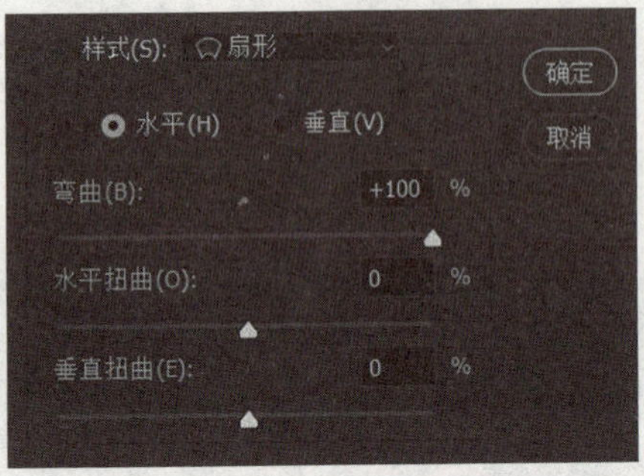

图 P3.1.1—8

图 P3.1.1—9

### 5. 制作星星效果

(1)选择【多边形工具】，在其属性栏中设置"描边"为："0 像素"、"边数"为："5"、"圆角半径"为："50 像素"、"路径选项""星型比例"为：→60%，绘制星星图形，如图 P3.1.1—10 所示。

图 P3.1.1—10

(2)给星星图层添加"斜面和浮雕""渐变叠加"图层样式，如图 P3.1.1—11、图 P3.1.1—12 所示。

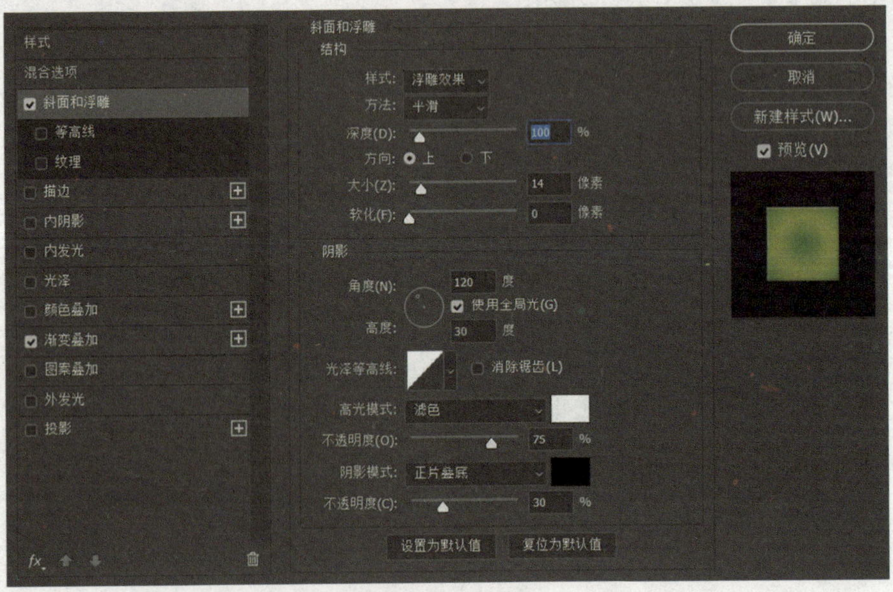

图 P3.1.1—11

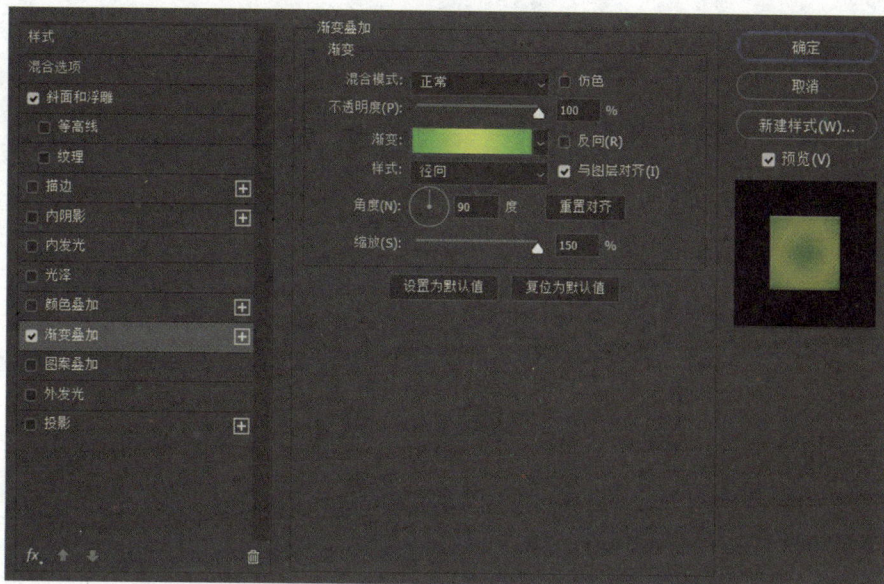

图 P3.1.1—12

社团招新海报的最终效果如图 P3.1.1—13 所示。

图 P3.1.1—13

## 项目 3.1.2  商场夏季促销海报(工作项目)

**教学内容**：设计商场夏季促销活动宣传海报。

**教学目的**：通过本项目的学习，学生对教学项目中知识目标与能力目标进行进一步的巩固与训练，熟练掌握商业海报设计与制作的流程、标准、设计思路和常用技法。

**项目情景**：学生作为校企合作广告公司的学徒，为某商场设计夏季促销活动海报。要求设计的海报要符合行业标准，既要满足其自身的功能性需求，又要具有一定的艺术性，吸引人们的眼球。

**设计思路**："商场夏季促销活动宣传海报"采取以情托物创意法，使用满版型版式设计创设夏日海滨情景，给人以凉爽舒适之感，使用重心型版式设计使广告语醒目，吸引人的注意力，以多种对比色进行色彩搭配，给人带来兴奋、激动的感觉，突出了夏日促销的活动主题。

**任务 A：设计商场夏季促销海报背景**

1. 新建 PS 文件

【文件】→【新建】打开新建对话框。

文件尺寸：宽度 5.7 厘米、高度 8.4 厘米(实际尺寸需放大十倍)。

分辨率：350 像素/英寸(实际分辨率在 100～300 像素/英寸)  颜色模式：CMYK

2. 制作沙滩背景

(1)置入"沙滩"素材图片，降低不透明度，添加并编辑图层蒙版，使沙滩与海洋衔接部分出现渐隐效果。

(2)添加背景色图层(C＝9、M＝9、Y＝17、K＝0)，移动该图层到"沙滩"图层下方，增加沙滩的质感与效果。

(3)新建图层，在沙滩底部添加实色(C＝21、M＝37、Y＝82、K＝0)到透明的渐变，并设置【正片叠底】图层混合模式，使用柔边橡皮擦对渐变区域边缘进行涂抹，使沙滩的过渡效果变化自然。如图 P3.1.2—1 所示，沙滩背景效果如图 P3.1.2—2 所示。

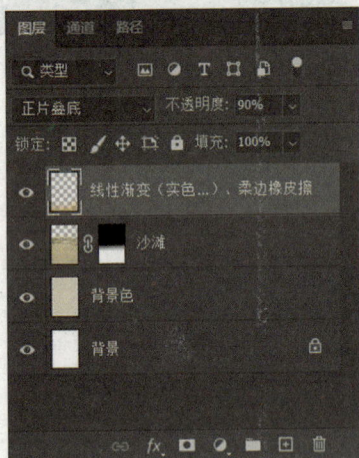
图 P3.1.2—1

图 P3.1.2—2

3. 制作海天一色背景

(1)置入"大海"素材图片，添加并编辑图层蒙版，使海洋与沙滩衔接部分出现渐隐效果。

(2)选择【画笔工具】→"属性栏"→"画笔预设"→"画笔预设菜单"→"导入画笔"→导入云彩画笔，如图 P3.1.2—3 所示。

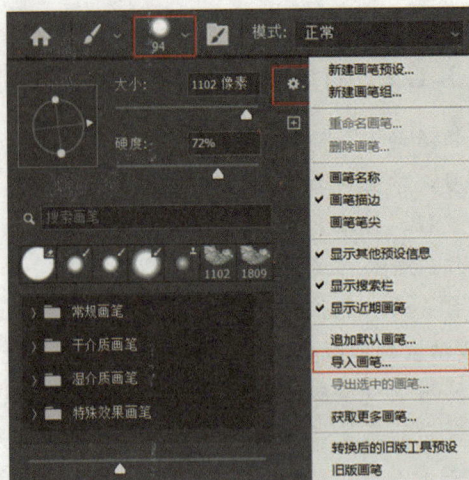
图 P3.1.2—3

（3）新建图层，设置前景色为蓝色、背景色为白色，选择"画笔预设"中的"云彩画笔"组中的一个画笔，调整画笔大小、不透明度和流量，绘制云彩。

（4）使用不同云彩画笔绘制云彩，使其产生变化。

（5）适当使用图层蒙版对云彩进行优化，如图 P3.1.2－4 所示，海天一色背景效果如图 P3.1.2－5 所示。

图 P3.1.2－4

图 P3.1.2－5

4. 置入其他素材图片

（1）在【图层】面板的下部点击"创建调整图层"按钮，添加【色阶】调整图层，向右拖动色阶面板中的黑色句柄，增加图像阴影部分的对比度，如图 P3.1.2－6 所示。

（2）分别置入海星、岛屿、太阳、树、鸟、光、叶子等图片，其中"太阳"图层的混合模式为"线性减淡"、"光"图层的混合模式为"滤色"，使置入图片与场景更好地融合。效果如图 P3.1.2－7 所示。

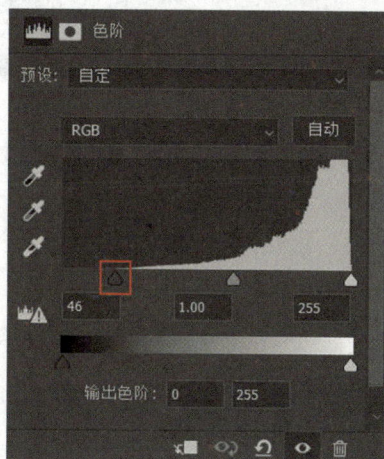

图 P3.1.2－6

图 P3.1.2－7

**任务 B：设计商场夏季促销海报文本**

1. 制作"夏季特惠"广告语

（1）添加"夏季特惠"广告语文本，"字体"设置为："黑体"、"字号"设置为："30 点"、"仿粗体"。

（2）添加"渐变叠加""外发光"图层样式，如图 P3.1.2－8、图 P3.1.2－9 所示。

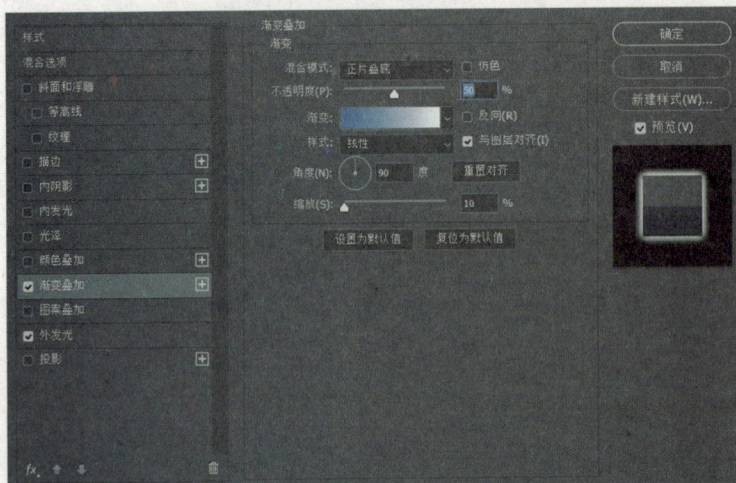

图 P3.1.2－8

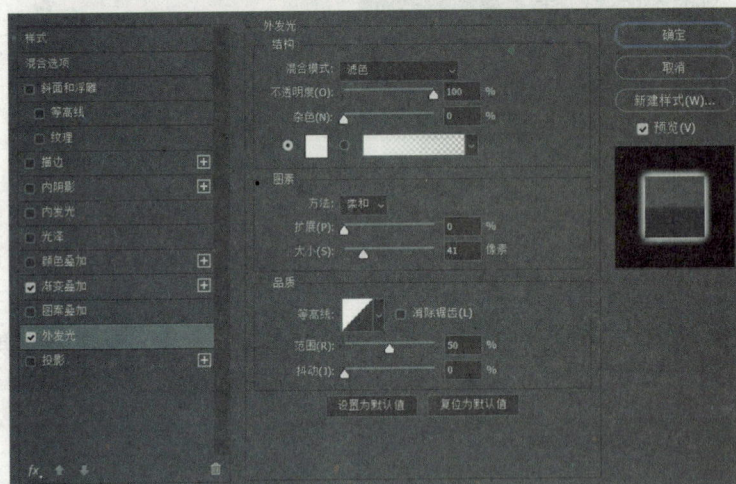

图 P3.1.2－9

（3）置入"海水"素材图片，设置剪贴蒙版，效果如图 P3.1.2－10 所示。

图 P3.1.2－10

2.制作广告语阴影

(1)绘制矩形带羽化的选区。

(2)为选区添加"灰—黑—灰""透明—不透明—透明"线性渐变。

(3)降低阴影图层的不透明度。

3.制作"打折"文本效果

(1)添加"六月全场"文本，移动并旋转文本。

(2)新建图层并移动到"六月全场"图层下方，建立"六月全场"文本选区，扩展5像素，填充白色。

4.制作"大润发"文本效果

(1)添加"大润发"文本，设置橙、黄、橙渐变"描边"图层样式和绿到红"渐变叠加"图层样式，如图P3.1.2—11、图P3.1.2—12所示。

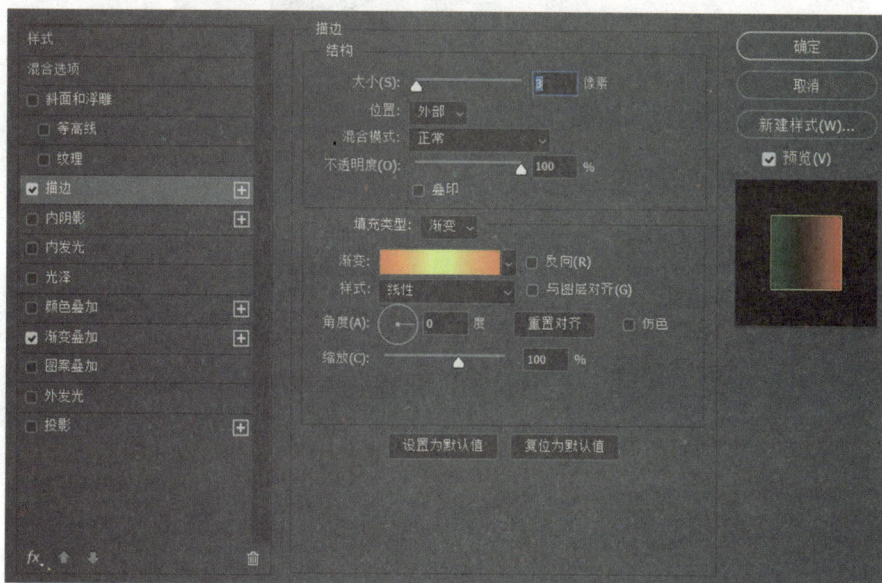

图 P3.1.2—11

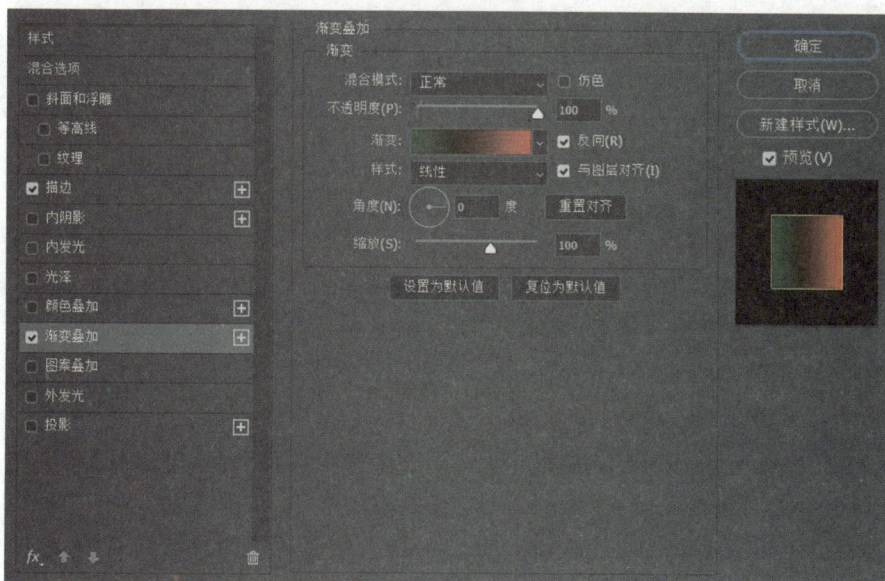

图 P3.1.2—12

5.添加【自然饱和度】调整层

(1)添加【自然饱和度】调整层，增加图像整体的自然饱和度。

商场夏季促销海报最终效果如图 P3.1.2—13 所示。

图 P3.1.2—13

# 项目 3.2　文化海报

## 项目 3.2.1　会议海报（教学项目）

**教学内容：** 设计辽宁民族师范高等专科学校（简称辽宁民族师专）第四届教育教学研讨会宣传海报。

**教学目的：** 文化海报是海报的重要类型之一，主要包括旅游、节日、电影、会议海报等。通过本项目学习，使学生初步掌握文化海报设计与制作的流程、标准、设计思路和常用技法。

**项目情景：** 学生作为学校图文工作室的学员，为学校第四届教育教学研讨会设计宣传海报。要求设计的海报要符合行业标准，既要满足功能性需求，又要适宜教育教学研讨会的会议主题。

**任务 A：设计会议海报背景**

1. 新建 PS 文件

【文件】→【新建】，打开新建对话框。

文件尺寸：宽度 5.7 厘米、高度 8.4 厘米（实际尺寸需放大十倍）。

分辨率：350 像素/英寸（实际分辨率在 100~300 像素/英寸）　颜色模式：CMYK

2. 制作渐变背景

制作靛蓝色（C＝100、M＝60、Y＝0、K＝45）到青绿色（C＝100、M＝0、Y＝90、K＝0）的线性渐变背景。

3. 制作扇形渐变效果

（1）使用【钢笔工具】绘制扇形路径

使用【钢笔工具】在画布底边适当位置单击创建第一个锚点，移动【钢笔工具】到画布右边的适当位置，按住并拖动鼠标（此时将出现一条方向线）形成一条曲线路径，如图 P3.2.1—1 所示；按住"Alt"键切换为转换点工具，单击曲线结尾锚点删除方向线（将曲线锚点转换为直线锚点），如图 P3.2.1—2 所示；在画布右下角单击绘制第三个锚点，将鼠标光标靠近起始锚点时，鼠标光标旁会出现一个小圆圈，单击绘制直线并形成一个闭合的扇形路径，如图 P3.2.1—3 所示。

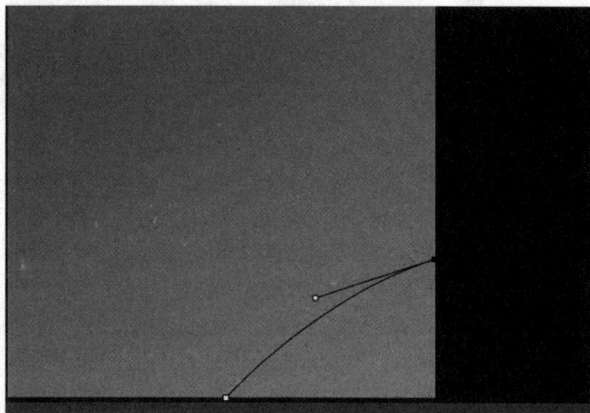

图 P3.2.1—1

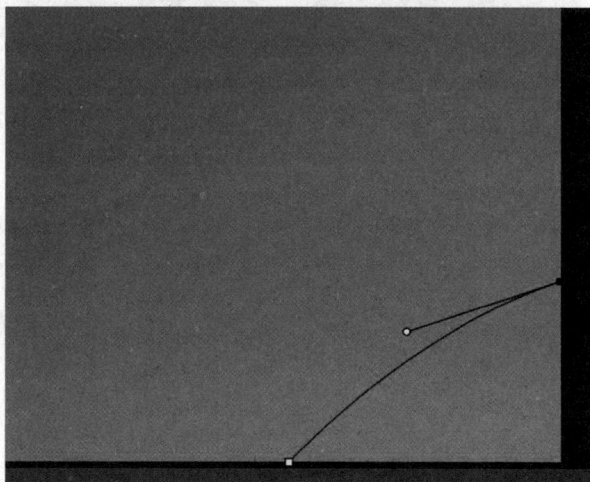

图 P3.2.1—2

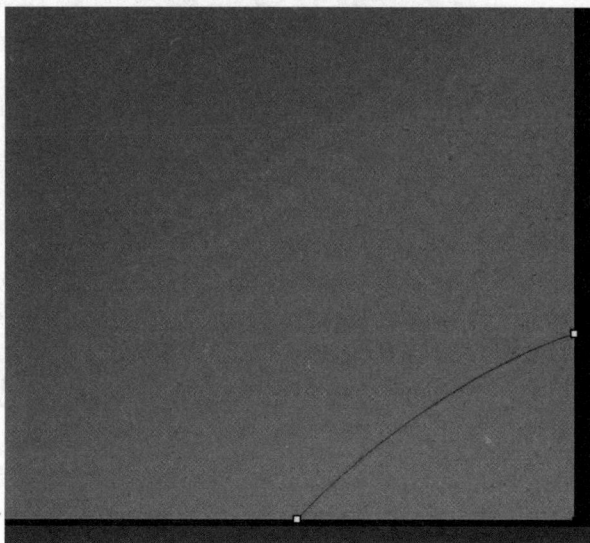

图 P3.2.1—3

（2）将路径转换为选区并填充渐变

在扇形路径被选中的情况下，按"Ctrl＋回车"键将路径转换为选区；设置渐变颜色为"C＝60、M＝0、Y＝55、K＝0"到"C＝80、M＝0、Y＝30、K＝0"，渐变的不透明度为 30％—30％，对选区进行渐变填充。如图 P3.2.1—4 所示。

图 P3.2.1-4

(3)以此类推，制作其他扇形渐变效果，并调整图层的不透明度。效果如图 P3.2.1-5 所示。

图 P3.2.1-5

4.制作其他图形渐变效果

(1)使用【钢笔工具】绘制图形路径

使用【钢笔工具】在画布适当位置绘制第一条曲线路径，如图 P3.2.1-6 所示。

图 P3.2.1-6

按住"Alt"键切换为转换点工具，拖动曲线结尾方向线控制点与曲线结尾锚点重合，如图 P3.2.1－7 所示；移动【钢笔工具】到画布的适当位置，按住并拖动鼠标（此时将出现一条方向线）形成 第二条曲线路径，如图 P3.2.1－8 所示；按住"Alt"键切换为转换点工具，单击第二条曲线结尾锚点删 除方向线（将曲线锚点转换为直线锚点），如图 P3.2.1－9 所示；将鼠标光标靠近起始锚点时，鼠标光 标旁会出现一个小圆圈，单击绘制直线并形成一个闭合的图形路径，如图 P3.2.1－10 所示。

图 P3.2.1－7

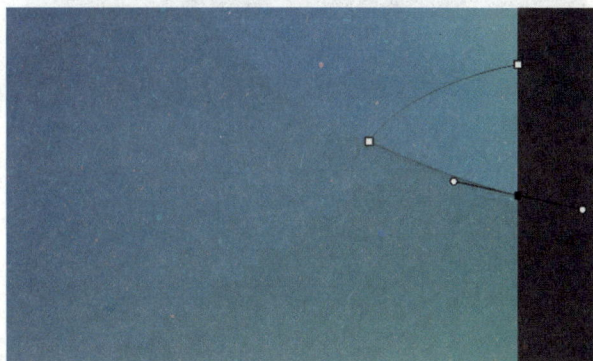

图 P3.2.1－8

图 P3.2.1－9

图 P3.2.1—10

（2）将路径转换为选区并填充渐变，效果如图 P3.2.1—11 所示。

图 P3.2.1—11

（3）以此类推，制作其他图形渐变效果，并调整图层的不透明度。

5. 制作画布右上角渐变光晕效果

（1）建立圆形选区并设置羽化值。

（2）填充带不透明度的放射状渐变。

**任务 B：设计会议海报文本**

1. 制作"2022"文本效果

（1）制作文字路径衬底文本

选择【横排文字工具】在"属性栏"设置"字体"为"黑体"、"字号"为"50 点"、"仿粗体"，在画布适当位置输入"2022"文本，作为后续文字路径的衬底。

（2）设置文字路径的辅助线

根据衬底文本的位置，通过拖动工作区中的【标尺】设置文字路径的辅助线，效果如图 P3.2.1—12 所示。

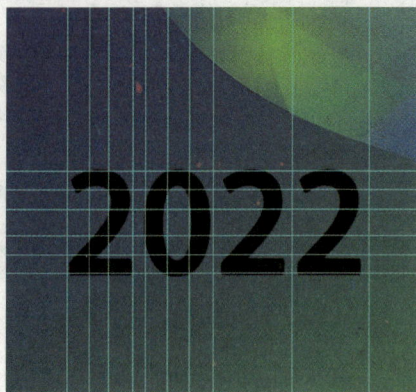

图 P3.2.1—12

（3）绘制文字路径

根据辅助线和衬底文本，使用【钢笔工具】绘制"2"文字路径，如图 P3.2.1—13 所示。

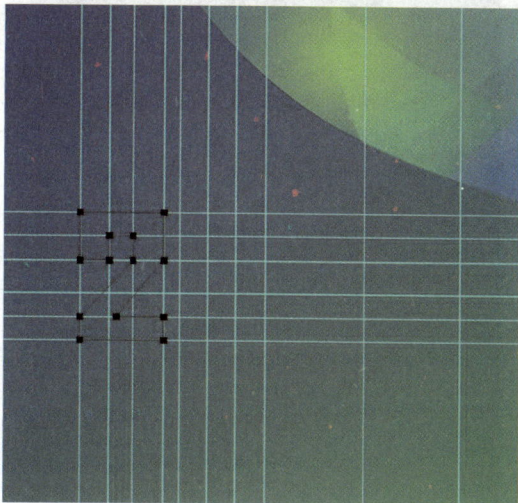

图 P3.2.1—13

（4）制作"2"文字效果

按"Ctrl＋回车"键将"2"文字路径转换为选区，填充白色实现"2"文字效果，如图 P3.2.1—14 所示。

图 P3.2.1—14

（5）以此类推制作其他数字文本。

2. 制作其他文本效果

会议中文标题设置了"白到绿"的"渐变叠加"和"投影"图层样式；会议主题、会议时间、会议地点文本设置了"外发光"图层样式；会议英文标题设置了"投影"图层样式，并进行了"斜切"变换；学校 LOGO 设置了"变暗"图层混合模式。

教育教学研讨会宣传海报的最终效果如图 P3.2.1—15 所示。

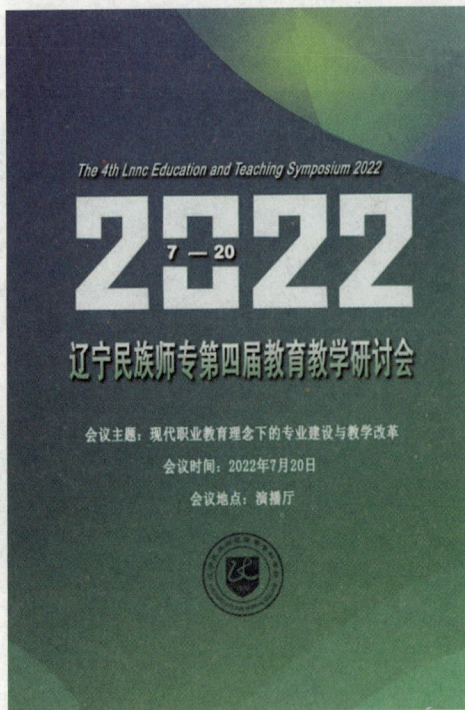

图 P3.2.1—15

## 项目 3.2.2　音乐会宣传海报（工作项目）

**教学内容：** 设计音乐会宣传海报。

**教学目的：** 通过本项目的学习，学生对教学项目中知识目标与能力目标进行进一步的巩固与训练，熟练掌握文化海报设计与制作的流程、标准、设计思路和常用技法。

**项目情景：** 学生作为校企合作广告公司的学徒，应某宣传策划公司邀请，为某古典音乐会设计文化宣传海报。要求设计的海报要符合行业标准，既要满足其自身的功能性需求，又要具有一定的艺术性，吸引人们的眼球。

**设计思路：** "音乐会宣传海报"使用重心型版式设计，将人们的视线聚焦到海报中心位置，采取联想创意法，通过设置二胡、水墨笔痕、螺旋文本等元素，让人们对音乐会产生联想，通过心形的广告语表达了音乐会的主题。

**任务 A：设计海报中部**

1. 新建 PS 文件

【文件】→【新建】打开新建对话框。

文件尺寸：宽度 5.7 厘米、高度 8.4 厘米（实际尺寸需放大十倍）。

分辨率：350 像素/英寸（实际分辨率在 100～300 像素/英寸）　颜色模式：CMYK

2. 添加背景图片。

3. 制作叶子黑白调整图层组

（1）置入"叶子"图层组并添加【黑白】调整图层。

（2）在【黑白】调整图层上单击鼠标右键选择"创建剪贴蒙版"，为"叶子"图层组去色。

4. 制作心形路径

（1）导入心形形状

选择形状工具组中的【自定义形状工具】→"属性栏"→"自定义形状拾色器"→在弹出的菜单中选择

右上部的齿轮图标→导入形状→在"载入"对话框中选择"心形形状"文件，导入心形形状，如图 P3.2.2－1 所示。

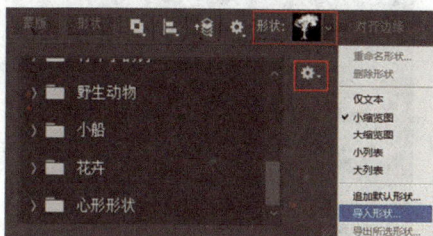

图 P3.2.2－1

（2）制作心形路径

用"自定义形状拾色器"导入"心形形状"后，将【自定义形状工具】的"模式"设置为"路径"，如图 P3.2.2－2 所示。

图 P3.2.2－2

在画布中单击鼠标并拖拽可以形成一个心形路径，使用【路径选择工具】和【自由变换】命令调整好心形路径的大小、位置和角度，如图 P3.2.2－3 所示。

图 P3.2.2－3

（3）制作路径文本

选择【横排文字工具】，将鼠标指针移动到画布的"心形路径"上，鼠标指针变为曲线形状，即可输入沿着心形路径的路径文本。如图 P3.2.2－4 所示。

图 P3.2.2－4

通过在【字符】面板中调整字符间距，使路径文本排列成心形形状，如图 P3.2.2－5 所示。

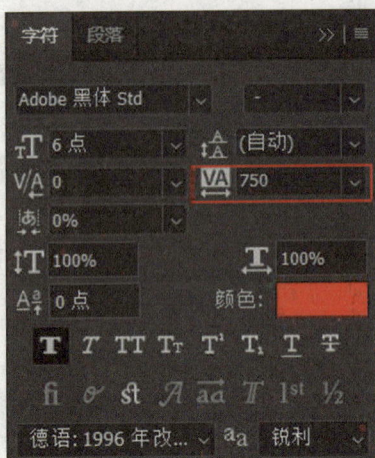

图 P3.2.2－5

通过添加红到绿的"渐变叠加"图层样式，进一步美化路径文本，如图 P3.2.2－6 所示。

图 P3.2.2－6

5. 制作乐器等图案

(1)置入"乐器""花朵""花瓣""水墨笔痕"图片

"水墨笔痕"设置为"正片叠底"图层混合模式，隐藏其白色背景。

(2)制作"乐器"阴影

在"乐器"图层下方新建图层，使用黑色半透明柔边缘画笔沿着乐器进行涂抹，添加并编辑图层蒙版优化阴影效果。音乐会海报中部效果如图 P3.2.2－7 所示。

图 P3.2.2－7

**任务 B：设计海报底部**

1. 制作螺旋路径文本

(1)使用【钢笔工具】绘制螺旋路径，如图 P3.2.2－8 所示。

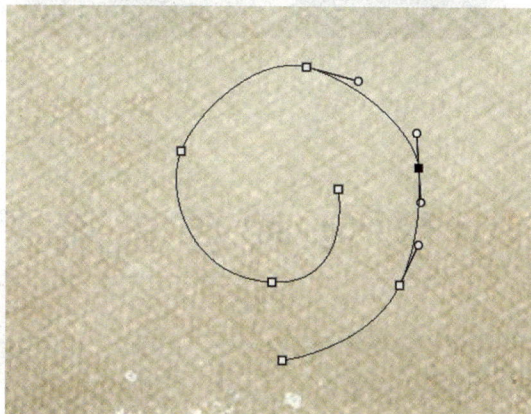

图 P3.2.2－8

注意：一是适当放大画布以方便控制螺旋线的形成，二是除了第一个锚点外每一个锚点都是曲线锚点(需要拖动鼠标形成)，三是使用【直接选择工具】调整螺旋曲线锚点可以平滑螺旋路径。

(2)依据螺旋路径制作螺旋路径文本。

2. 制作圆形路径描边效果

(1)绘制圆形路径

使用【椭圆选框工具】绘制圆形选区，在【路径】面板的底部选择"从选区生成工作路径"，形成圆形路径。

(2)新建图层

新建图层用于保存路径描边的像素。

(3)设置画笔预设

选择【画笔工具】并设置适当的画笔预设。

(4)对圆形路径进行描边

在【路径】面板选择"圆形路径"，然后选择【路径】面板右上角的"菜单"按钮，在弹出的菜单中选择"描边路径"，"描边路径"对话框中选择"画笔"，即可使用之前设置好的画笔对圆形路径进行描边，如图 P3.2.2－9、图 P3.2.2－10 所示。

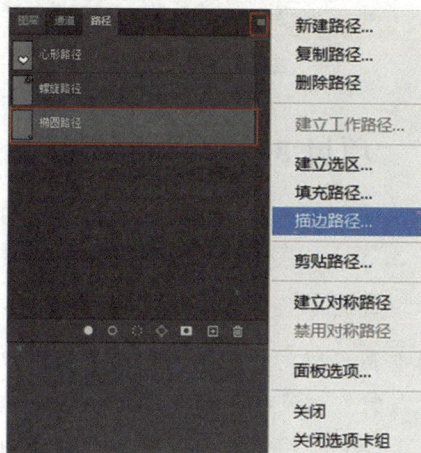

图 P3.2.2－9

图 P3.2.2—10

音乐会海报底部效果如图 P3.2.2—11 所示。

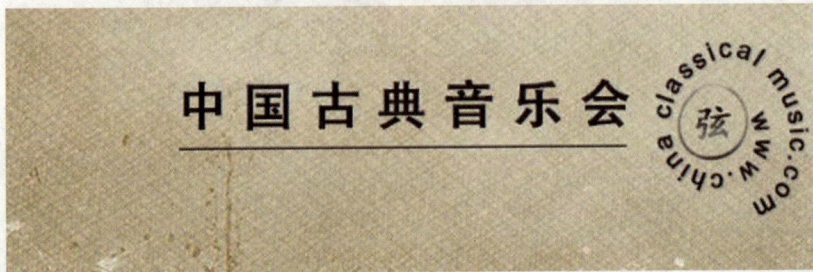

图 P3.2.2—11

**任务 C:设计海报顶部**

制作过程(略)

音乐会宣传海报的最终效果如图 P3.2.2—12 所示:

图 P3.2.2—12

# 项目 3.3  产品海报

## 项目 3.3.1  餐饮产品海报(教学项目)

**教学内容:**设计餐饮海报。

**教学目的:**产品海报是海报的重要类型之一,主要包括餐饮、产品宣传海报等。通过本项目的学习,使学生初步掌握产品海报设计与制作的流程、标准、设计思路和常用技法。

**项目情景:**学生作为学校图文工作室的学员,为学校食堂的刀削面设计宣传海报。要求设计的海报要符合行业标准,既要满足功能性需求,又要适宜食品宣传这一主题。

**任务 A：设计海报背景**

1. 新建 PS 文件

【文件】→【新建】，打开新建对话框。

文件尺寸：宽度 5.7 厘米、高度 8.4 厘米(实际尺寸需放大十倍)。

分辨率：350 像素/英寸(实际分辨率在 100～300 像素/英寸)　颜色模式：CMYK

2. 制作背景图片

(1)置入背景图片。

(2)添加【镜头模糊】滤镜。

3. 置入刀削面图片。

4. 导入画笔修饰背景

(1)导入"毛笔划痕"画笔修饰背景

选择【画笔预设】→【导入画笔】→导入"毛笔划痕"画笔→设置适当的画笔"大小"和"硬度"→修饰背景。

(2)导入"水彩大溅滴"画笔修饰背景

5. 制作海报边框

(1)添加矩形选区并进行描边。

(2)添加编辑图层蒙版优化边框。

餐饮产品海报背景效果如图 P3.3.1－1 所示。

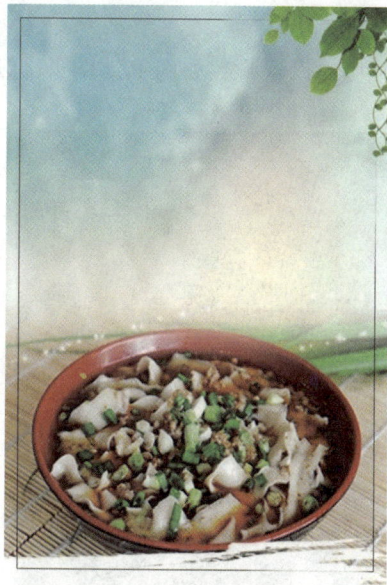

图 P3.3.1－1

**任务 B：设计海报文本**

1. 制作文本衬底

使用【圆角矩形工具】添加半透明圆角矩形。

2. 制作"山西大同"文本

(1)使用"龙书势如破竹简"字体制作"山西大同"文本。

(2)添加蓝、棕、黄"渐变叠加"图层样式。

3. 制作"刀削面"文本

(1)使用"和平海报"字体制作"刀削面"文本。

（2）使用【钢笔工具】制作曲线路径，如图 P3.3.1－2 所示。

图 P3.3.1－2

（3）新建图层，使用画笔（硬边圆 16）描边路径，橡皮擦进行优化，如图 P3.3.1－3 所示。

图 P3.3.1－3

（4）合并图层并设置样式

将"刀削面"文本图层和曲线路径图层合并，设置"投影"图层样式。

（5）制作剪贴蒙版材质

① 新建图层并填充黄色（C＝30、M＝50、Y＝100、K＝0）。

② 添加杂色滤镜

选择【滤镜】→【杂色】→【添加杂色】，设置参数如图 P3.3.1－4 所示。

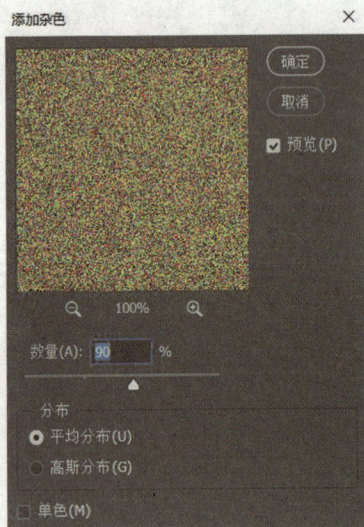

图 P3.3.1－4

③ 风格化风滤镜

选择【滤镜】→【风格化】→【风】，设置参数如图 P3.3.1－5 所示。

④ 动感模糊滤镜

选择【滤镜】→【模糊】→【动感模糊】，设置参数如图 P3.3.1－6 所示。

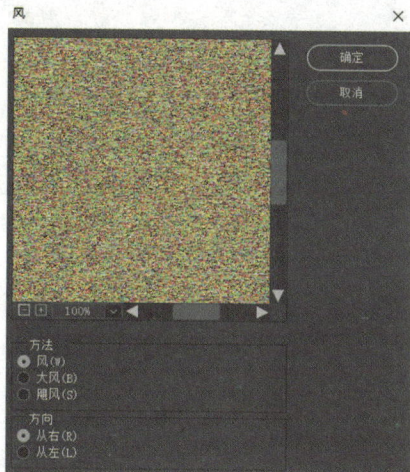

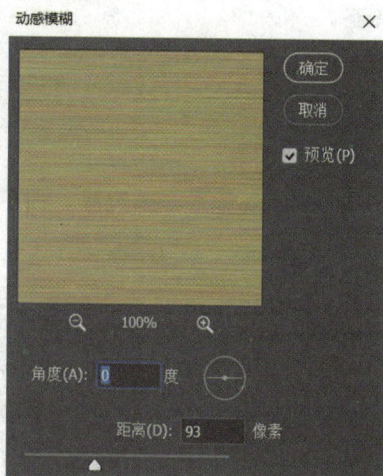

图 P3.3.1－5　　　　　　　　　图 P3.3.1－6

（6）设置剪贴蒙版

"刀削面"文本效果如图 P3.3.1－7 所示。

图 P3.3.1－7

4. 制作优惠文本背景

（1）制作优惠文本多边形背景

选择【多边形工具】在"属性栏"中设置→"模式"为："形状"、"填充"为："红色"、"边数"为："30"，
路径选项参数设置如图 P3.3.1－8 所示。

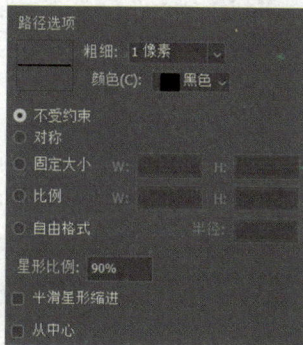

图 P3.3.1－8

（2）制作优惠文本飘带

使用【钢笔工具】绘制飘带路径，将路径转换为选区，使用红色填充选区。

优惠文本背景效果如图 P3.3.1－9 所示。

图 P3.3.1－9

5. 制作其他文本。

**任务 C：设计海报特效**

1. 绘制烟雾

(1)画笔工具绘制基础烟雾

使用【画笔工具】(设置 18 像素、柔边缘、白色)在适当位置画几笔，如图 P3.3.1—10 所示。

图 P3.3.1—10

(2)涂抹工具进行笔画涂抹

使用【涂抹工具】对画笔绘制的基础烟雾进行涂抹，效果如图 P3.3.1—11 所示。

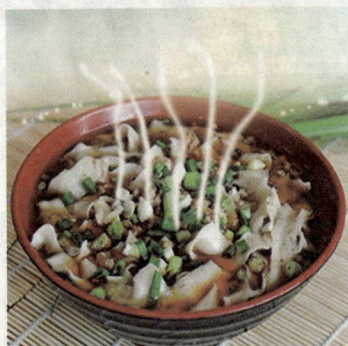

图 P3.3.1—11

(3)波浪滤镜

选择【滤镜】→【扭曲】→【波浪】，设置参数如图 P3.3.1—12 所示。

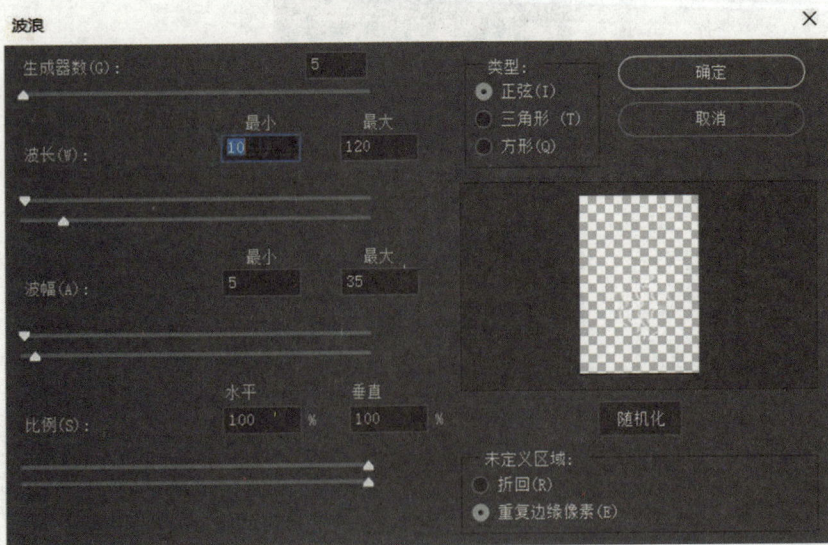

图 P3.3.1—12

应用波浪滤镜的效果如图 P3.3.1—13 所示。

图 P3.3.1—13

（4）渐隐波浪

选择【编辑】→【渐隐波浪】，不透明度设置为"50％"，效果如图 P3.3.1—14 所示。

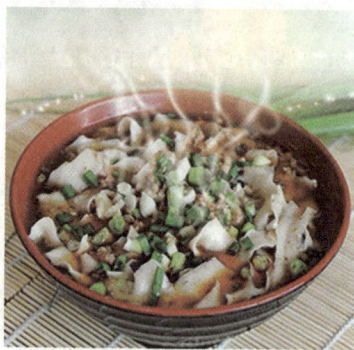

图 P3.3.1—14

2. 置入 logo 图片

餐饮产品海报的最终效果如图 P3.3.1—15 所示。

图 P3.3.1—15

## 项目 3.3.2  汽车宣传海报（工作项目）

**教学内容：** 设计汽车宣传海报。

**教学目的：** 通过本项目的学习，学生对教学项目中知识目标与能力目标进行进一步的巩固与训练，熟练掌握产品海报设计与制作的流程、标准、设计思路和常用技法。

**项目情景：** 学生作为校企合作广告公司的学徒，为某汽车品牌4S店的汽车设计宣传海报。要求设计的海报要符合行业标准，既要满足其自身的功能性需求，又要具有一定的艺术性，吸引人们的眼球。

**设计思路：** "汽车宣传海报"使用满版型和重心型版式设计，将人们的视线聚焦到海报中心汽车的位置，采取突出特征创意法，通过对汽车、背景、文本设置动态特效，突出新品汽车性能特征，通过广告语传达产品宣传主题。

**任务 A：设计海报背景**

1. 新建 PS 文件

【文件】→【新建】，打开新建对话框。

文件尺寸：宽度 8.4 厘米、高度 5.7 厘米（实际尺寸需放大十倍）。

分辨率：350 像素/英寸（实际分辨率在 100～300 像素/英寸）。

颜色模式：RGB（实际工作需转换为 CMYK）。

2. 制作特效背景

（1）制作渐变背景

新建图层添加"黑到白"线性渐变。

（2）风格化渐变背景

【滤镜】→【风格化】→【凸出】，设置参数如图 P3.3.2—1 所示。

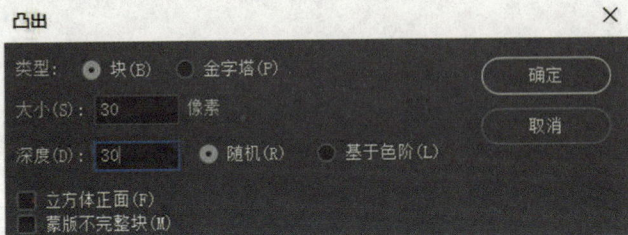

图 P3.3.2—1

（3）模糊渐变背景

【滤镜】→【模糊】→【径向模糊】，设置参数如图 P3.3.2—2 所示。

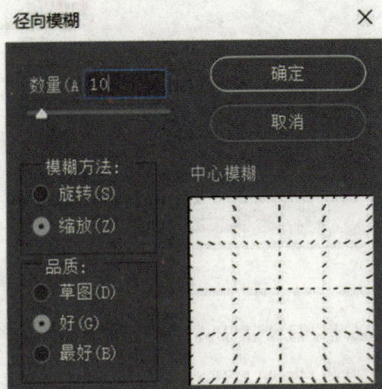

图 P3.3.2—2

3. 制作城市特效

（1）转换城市素材为智能对象

置入并调整城市图片，单击鼠标右键，在弹出菜单中选择"转换为智能对象"，将其转换为智能对象。

（2）制作表面模糊智能滤镜

【滤镜】→【模糊】→【表面模糊】，设置参数如图 P3.3.2－3 所示。

图 P3.3.2－3

4. 置入道路图片

汽车宣传海报背景效果如图 P3.3.2－4 所示。

图 P3.3.2－4

**任务 B：设计汽车特效**

1. 置入汽车图片

（1）置入汽车图片。

（2）在"汽车"图层下方新建图层，使用【画笔工具】绘制阴影。

2. 制作车轮模糊特效

（1）复制"汽车"图层。

（2）使用【椭圆选框工具】依据汽车轮胎大小绘制椭圆选区。

（3）选择【选择】→【变换选区】，更改椭圆选区以适应轮胎大小。

（4）选择【滤镜】→【模糊】→【径向模糊】→【旋转】，参数设置如图 P3.3.2－5 所示。

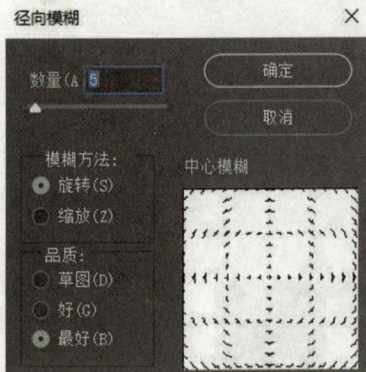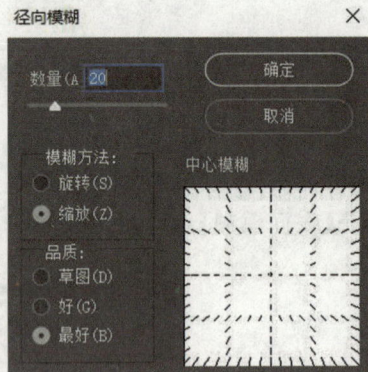

图 P3.3.2－5　　　　　　　　图 P3.3.2－6

3. 制作汽车模糊特效

（1）复制"汽车"图层，并将该图层移动到最顶层。

（2）选择【滤镜】→【模糊】→【径向模糊】→【缩放】，参数设置如图 P3.3.2－6 所示。

（3）添加图层蒙版，使用黑色柔边缘画笔对车头和轮胎进行涂抹，实现汽车动态模糊特效。

4. 制作汽车智能滤镜特效

（1）复制"汽车"图层，并将该图层移动到最顶层。

（2）将"汽车"副本图层转换为智能对象。

（3）选择"汽车"副本图像，选择【滤镜】→【风格化】→【混合选项（查找边缘）】，参数设置如图
P3.3.2－7 所示。

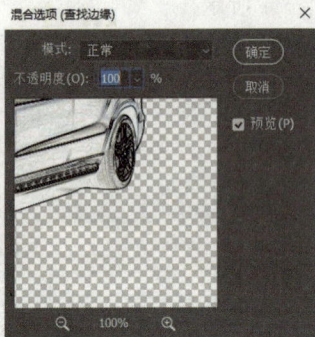

图 P3.3.2－7

（4）选择"汽车"副本图像，选择【滤镜】→【渲染】→【镜头光晕】，设置参数如图 P3.3.2－8 所示。

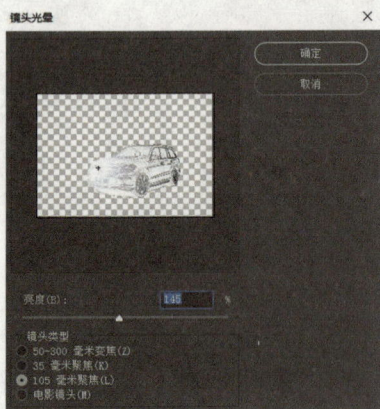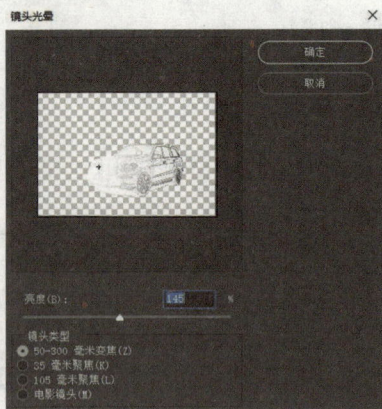

图 P3.3.2－8　　　　　　　　图 P3.3.2－9

（5）选择"汽车"副本图像，选择【滤镜】→【渲染】→【镜头光晕】，设置参数如图 P3.3.2－9 所示。

(6)设置该图层的"混合模式"为"叠加","不透明度"为"40％"。

5．制作汽车光环特效

(1)置入"光环"图片。

(2)使用【编辑】→【变换】→【透视】和【自由变换】调整光环,使光环与汽车和地面更加贴合。

(3)添加并编辑图层蒙版,使光环与汽车更加融合。

(4)添加【色相/饱和度】调整层并设置剪贴蒙版,设置参数如图 P3.3.2－10 所示。

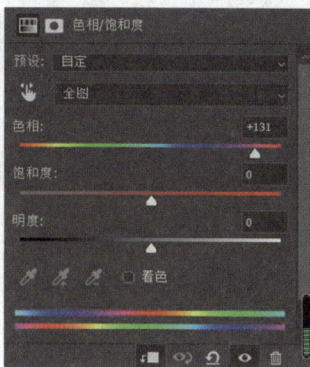

图 P3.3.2－10

汽车宣传海报汽车效果如图 P3.3.2－11 所示。

图 P3.3.2－11

**任务 C：设计建筑特效**

制作建筑发光特效

(1)置入"建筑"素材图片。

(2)复制"建筑"图层并转换为智能对象。

(3)选择【滤镜】→【风格化】→【等高线】,设置参数如图 P3.3.2－12 所示。

图 P3.3.2－12

（4）图层混合模式设置为"柔光"。

汽车宣传建筑特效如图 P3.3.2—13 所示。

图 P3.3.2—13

**任务 D：设计文本特效**

1. 制作"奔驰"文本特效

（1）使用【横排文字工具】（白色、黑体、24 号）制作"奔驰"文本。

（2）添加"奔驰"文本图层"斜面和浮雕""渐变叠加"图层样式，参数设置如图 P3.3.2—14、图 P3.3.2—15 所示。

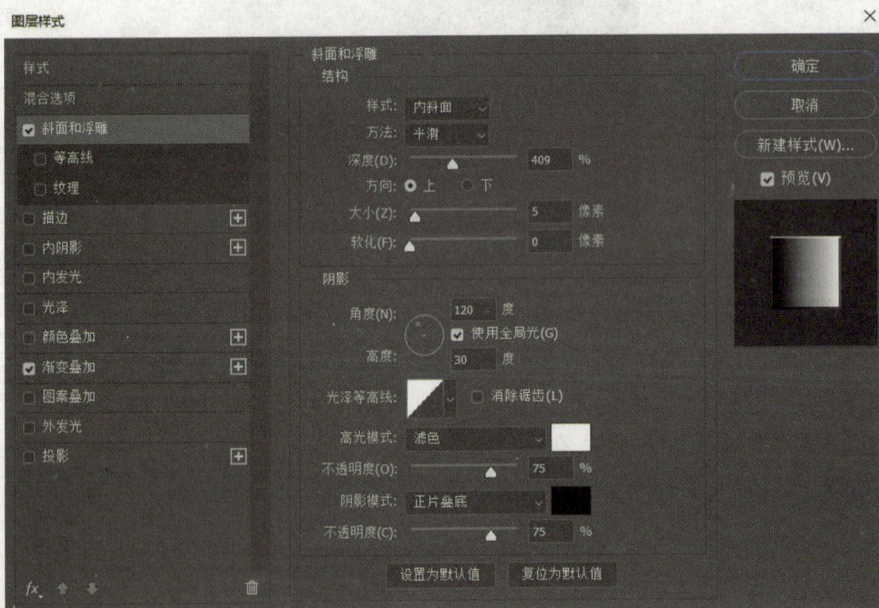

图 P3.3.2—14

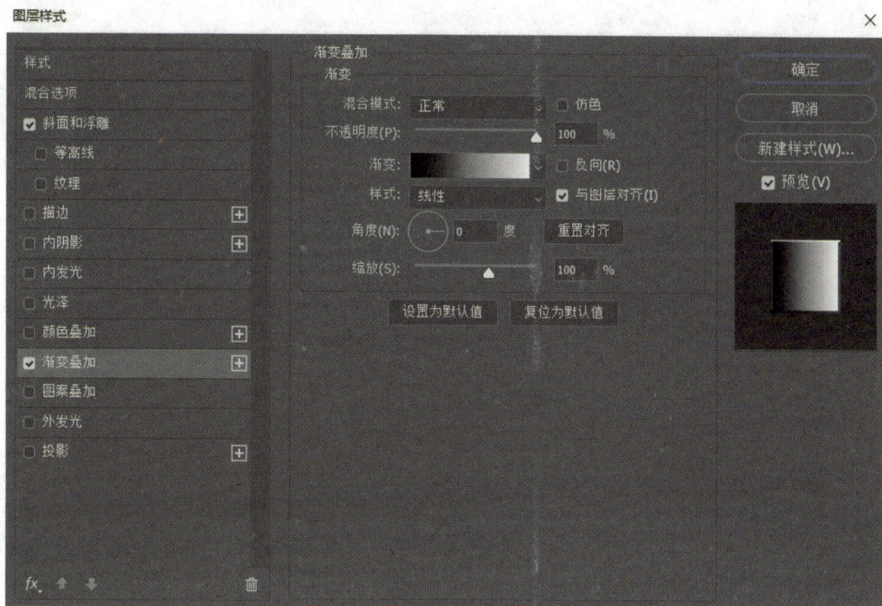

图 P3.3.2－15

(3)复制"奔驰"文本图层,单击鼠标右键,在菜单中选择【清除图层样式】。

(4)将"奔驰"文本副本图层转换为智能对象。

(5)选择【滤镜】→【风格化】→【风】,设置参数如图 P3.3.2－16 所示。

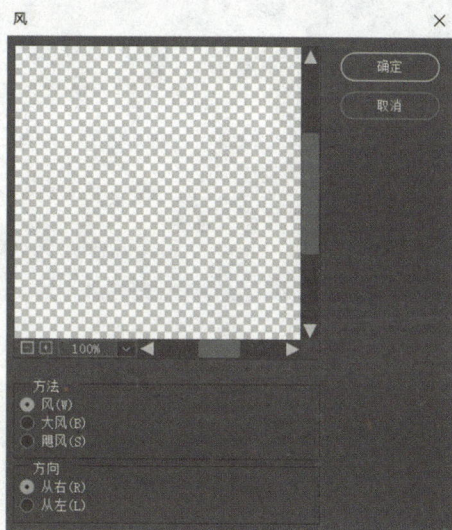

图 P3.3.2－16

(6)再次添加"风"滤镜,完成"奔驰"文本特效。

2."广告语"文本特效

(1)使用【横排文字工具】(白色、黑体、5 号)制作"广告语"文本。

(2)添加"广告语"文本图层"描边""外发光""投影"图层样式,参数设置如图 P3.3.2－17、图 P3.3.2－18、图 P3.3.2－19 所示。

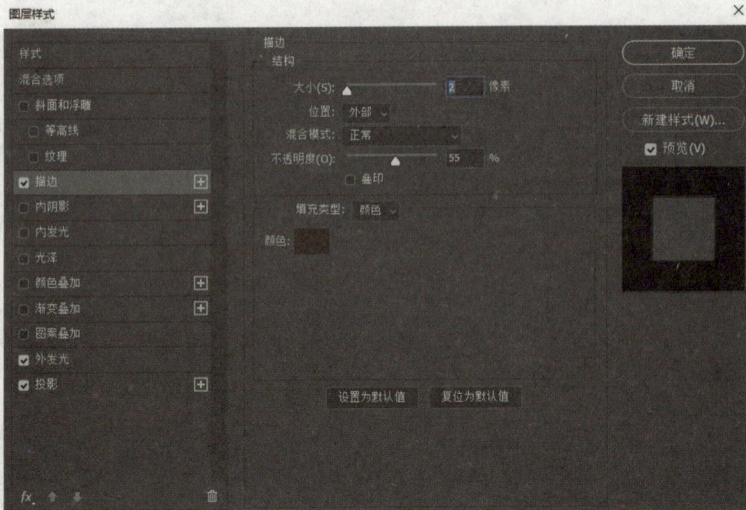

图 P3.3.2－17

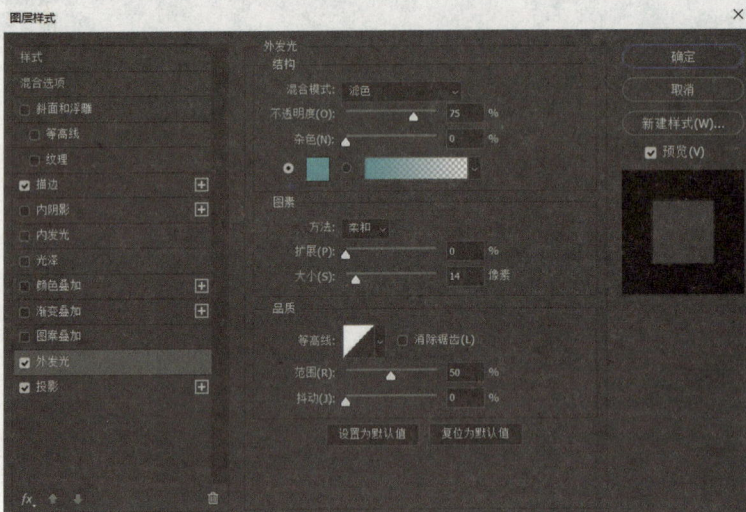

图 P3.3.2－18

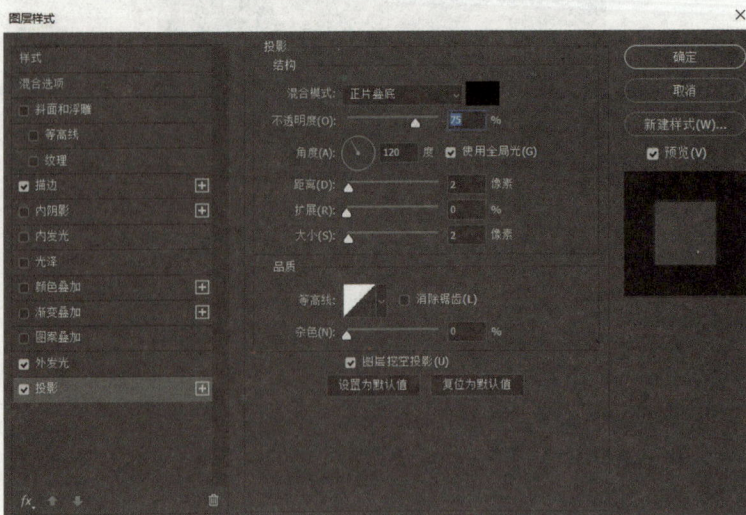

图 P3.3.2－19

3. "4S 店"文本特效

(1)使用【横排文字工具】(白色、黑体、6 号)制作"4S 店"文本。

(2)选择【窗口】→【样式】，在【样式】面板右上角菜单选择"导入样式"命令，如图 P3.3.2－20 所示。

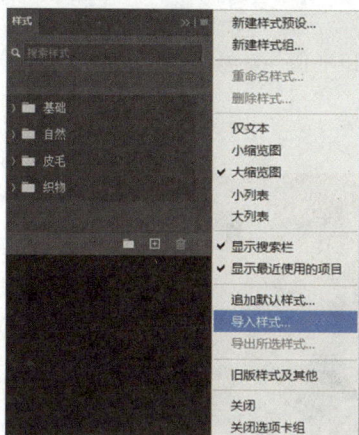

图 P3.3.2－20　　　　　　　　　　图 P3.3.2－21

(3)选择"4S 店"文本图层，选择【窗口】→【样式】，在【样式】面板中选择"雕刻天空、样式"，实现"4S 店"文本特效，如图 P3.3.2－21 所示。

汽车宣传海报的最终效果如图 P3.3.2－22 所示。

图 P3.3.2－22

# 项目 3.4　公益海报

### 项目 3.4.1　学雷锋活动海报(教学项目)

**教学内容：**设计学雷锋活动海报。

**教学目的：**公益海报也是海报的重要类型之一，主要包括传播时代观念、文化宣传海报等。通过本项目学习，使学生初步掌握公益海报设计与制作的流程、标准、设计思路和常用技法。

**项目情景：**学生作为学校图文工作室的学员，为学校团委组织的学雷锋活动设计宣传海报。要求设计的海报要符合行业标准，既要满足功能性需求，又要突出学习雷锋精神这一主题。

**任务 A：设计海报背景**

1. 新建 PS 文件。

2. 制作海报背景色图层

(1)置入"背景贴图"图片，设置"正片叠底"图层混合模式，"70％"不透明度。

（2）在"背景贴图"图层下方新建图层并填充黄色（C＝3、M＝1、Y＝25、K＝0）。

3．制作华表等图片

（1）置入"华表""红丝绸""长城""和平鸽""雷锋头像"等素材图片。

（2）添加并编辑图层蒙版，使置入图片与背景融合。

（3）添加"红到深红"【渐变叠加】图层样式，优化"和平鸽"颜色。

（4）设置"雷锋头像"图层的混合模式为"深色"。

学雷锋活动海报背景效果如图 P3.4.1－1 所示。

图 P3.4.1－1

## 任务 B：设计霞光红旗

1．制作霞光效果

（1）制作实色至透明矩形渐变

选择【渐变工具】→【编辑渐变】→【渐变编辑器】，设置"左色标"颜色为"C＝17、M＝65、Y＝93、K＝0"，透明度为"100%"；设置"右色标"颜色为"C＝0、M＝0、Y＝0、K＝0"，透明度为"0%"；建立矩形选区并填充渐变，实现一个橙色至白色、不透明至透明的矩形渐变效果。

（2）更改矩形为梯形

选择【编辑】→【变换】→【斜切】，更改矩形控制点，将矩形变换为梯形，如图 P3.4.1－2 所示。

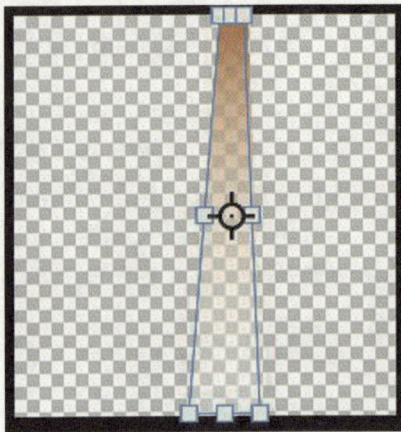

图 P3.4.1－2

旋转梯形并调整位置，复制多个副本并调整位置；依次类推制作黄色霞光，如图 P3.4.1－3 所示。

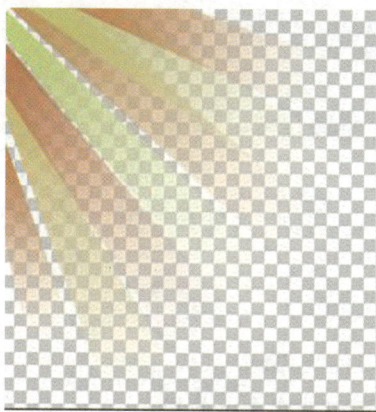

图 P3.4.1－3

（3）制作霞光智能对象

选中所有霞光图层，单击鼠标右键，在菜单中选择【转换为智能对象】，复制霞光智能对象并调整位置、大小和不透明度。

2. 制作红旗效果

（1）使用【钢笔工具】绘制红旗路径，如图 P3.4.1－4 所示。

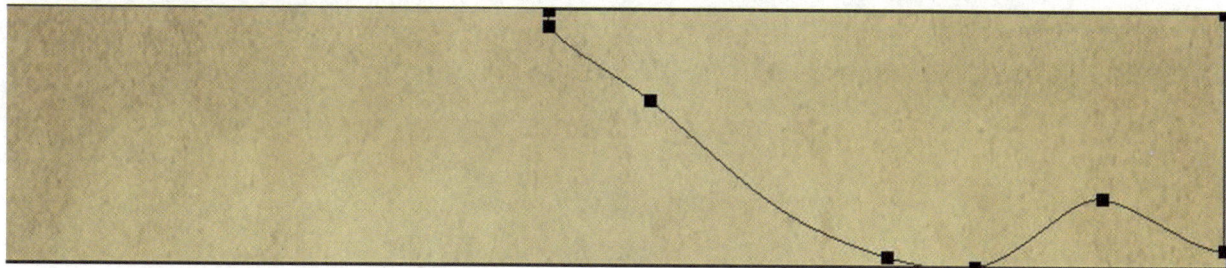

图 P3.4.1－4

（2）将路径转换为选区，进行渐变填充，如图 P3.4.1－5 所示。

图 P3.4.1－5

（3）收缩选区并用渐变颜色填充新选区，如图 P3.4.1－6 所示。

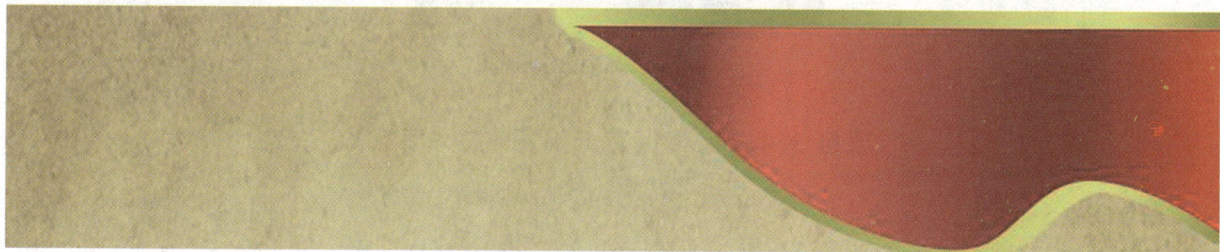

图 P3.4.1－6

（4）全选红旗相关图层，转换为智能对象。

**任务 C：设计文本特效**

1. 制作"学习雷锋精神"文本

（1）使用【横排文字工具】（白色、华文行楷、18号）制作"学习雷锋精神"文本，并添加"投影"图层样式。

（2）复制"学习雷锋精神"文本图层，添加"渐变叠加"和"颜色叠加"图层样式，并适当移动位置，实现文本错层效果。

2. 制作带圈文字

（1）输入"学习雷锋精神 弘扬优良传统"文本。

（2）添加圆形选区并进行描边，实现带圈文字效果。

3. 制作五角星

（1）用【多边形工具】（设置"边数"为："5"、"星形比例"为："50％"）绘制五角星。

（2）按住"Ctrl"键单击五角星图层缩略图，建立五角星选区，扩展选区并用黄色"描边"，实现五角星效果。

4. 制作其他文本

制作其他文本并设置"投影"图层样式。

学雷锋活动海报的最终效果如图 P3.4.1－7 所示。

图 P3.4.1－7

## 项目 3.4.2　环保宣传海报（工作项目）

**教学内容：** 设计环保宣传海报。

**教学目的：** 通过本项目的学习，学生对教学项目中知识目标与能力目标进行进一步的巩固与训练，熟练掌握公益海报设计与制作的流程、标准、设计思路和常用技法。

项目情景：学生作为校企合作广告公司的学徒，为某公益活动组织设计全球变暖环保宣传海报。要求设计的海报要符合行业标准，既要满足其自身的功能性需求，又要具有一定的艺术性，达到公益宣传的作用。

设计思路："环保宣传海报"采取以情托物创意法，使用满版型版式设计创设冰川融化情景并精心设计广告语，以突出环保宣传的活动主题。

### 任务 A：设计海报背景

1. 新建 PS 文件

【文件】菜单→【新建】，打开新建对话框。

文件尺寸：宽度 5.7 厘米、高度 8.4 厘米（实际尺寸需放大十倍）。

分辨率：350 像素/英寸（实际分辨率在 100～300 像素/英寸）

颜色模式：RGB（实际工作需要转换为 CMYK）。

2. 制作渐变背景

使用【渐变工具】制作从蓝色（C＝91、M＝78、Y＝54、K＝21）到白色的线性渐变背景效果。

3. 制作苔原背景

(1)置入"苔原"图片，使用【矩形选框工具】进行适当裁剪，设置"苔原"图层的不透明度为 70％。

(2)添加并编辑图层蒙版，实现苔原背景效果。

4. 制作冰原背景

(1)置入"冰原"图片并适当调整位置和大小。

(2)添加并编辑图层蒙版，实现冰原融化效果。

环保宣传海报背景效果如图 P3.4.2－1 所示。

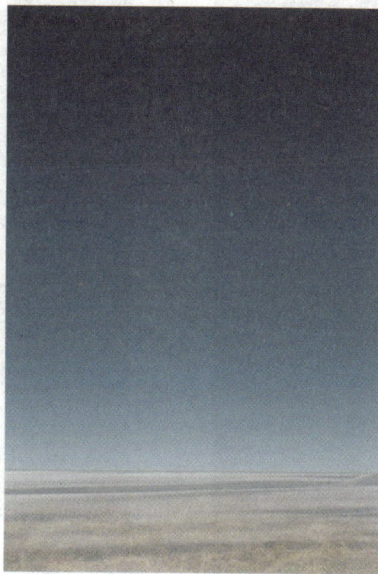

图 P3.4.2－1

### 任务 B：设计冰山融化效果

1. 置入"冰川"图片并适当调整大小。

2. 添加并编辑图层蒙版，使冰川与背景融合。

3. 复制"冰川"图层并转换为智能对象。

4. 选择"冰川副本"图层，【滤镜】→【扭曲】→【波纹】，设置参数如图 P3.4.2－2 所示。

5. 选择"冰川副本"图层，【滤镜】→【扭曲】→【波纹】，设置参数如图 P3.4.2－3 所示。

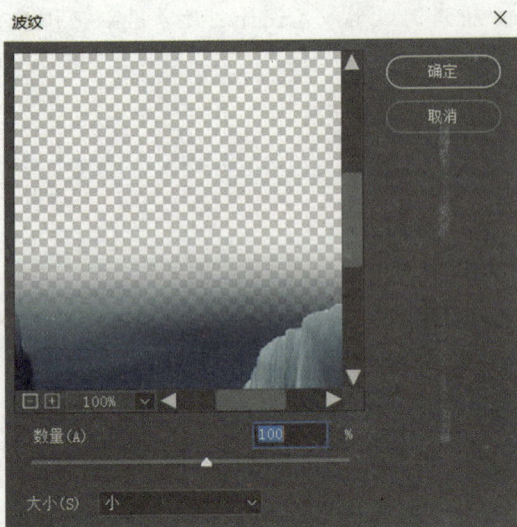

图 P3.4.2－2

图 P3.4.2－3

6. 编辑"融化效果"图层的智能滤镜蒙版，使融化效果更完善。

7. 添加【色相/饱和度】调整层，调整画面色调，设置参数如图 P3.4.2－4 所示。

环保宣传海报冰山融化效果如图 P3.4.2－5 所示。

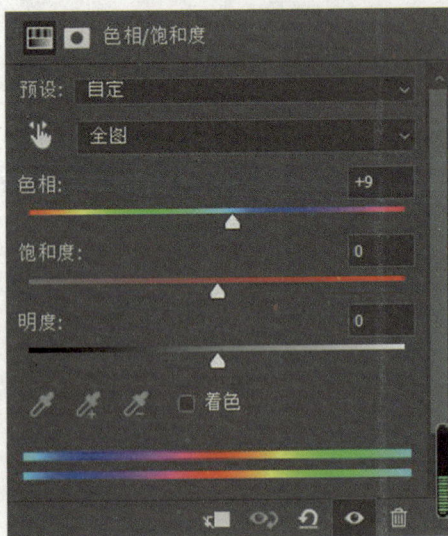

图 P3.4.2－4

图 P3.4.2－5

**任务 C：设计北极熊、月亮、广告语**

1. 制作"北极熊"效果

（1）置入"北极熊"图片。

（2）在"北极熊"图层下方新建图层，使用画笔绘制阴影。

（3）添加【曲线】调整层调整"北极熊"的对比度，如图 P3.4.2－6 所示。

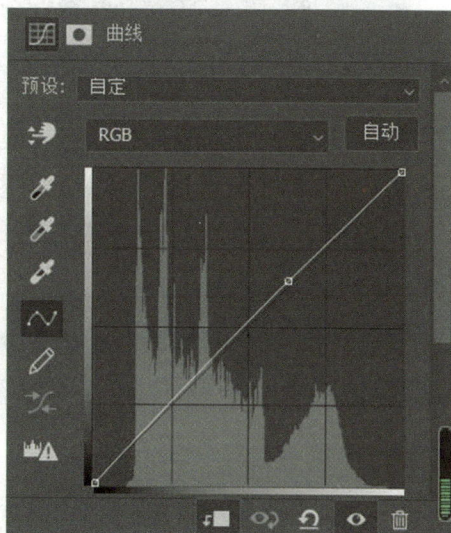

图 P3.4.2－6

2. 制作广告语效果

（1）使用【横排文字工具】（白色、14 号）制作"广告语"文本，并添加【外发光】图层样式，设置参数如图 P3.4.2－7 所示。

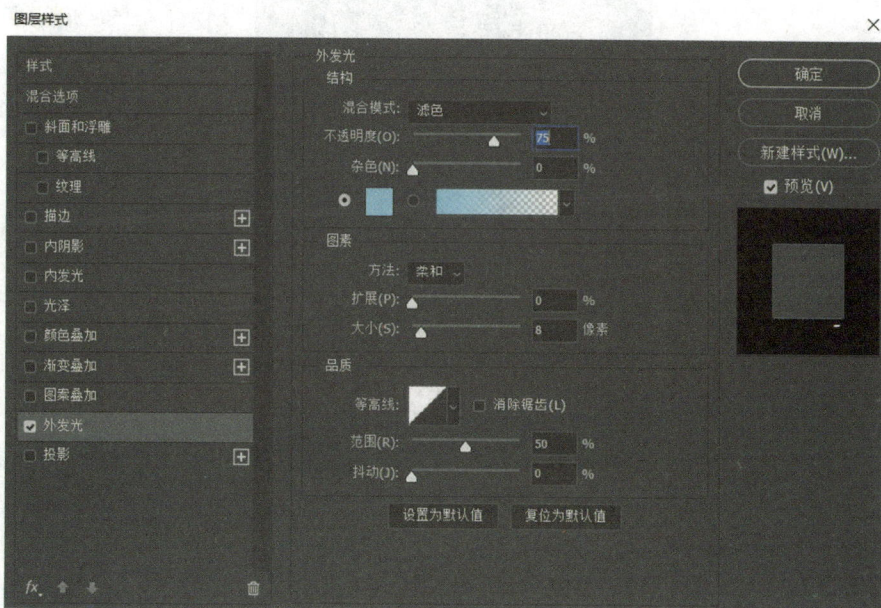

图 P3.4.2－7

3. 制作月亮效果

（1）置入"月亮"素材图片，调整大小和位置。

（2）设置图层混合模式为"滤色"。

（3）添加并编辑图层蒙版，使月亮与背景更加融合。

环保宣传海报任务 C 效果如图 P3.4.2—8 所示。

图 P3.4.2—8

**任务 D：设计彩虹效果**

1. 新建图层并填充黑色背景。
2. 建立垂直方向的矩形选区，如图 P3.4.2—9 所示。

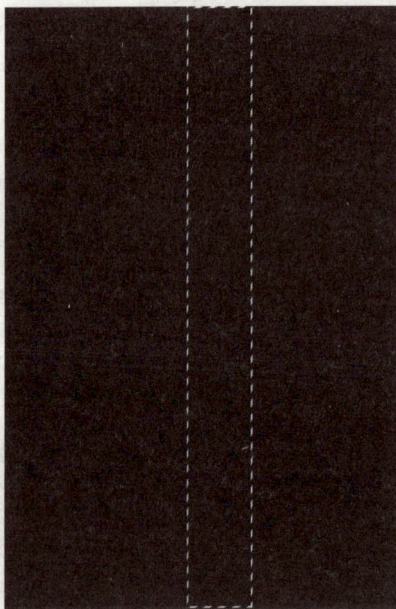

图 P3.4.2—9

3. 制作矩形的彩虹渐变

(1)【渐变编辑器】→【导入】，导入"彩虹渐变"渐变文件，如图 P3.4.2—10。

(2)选择导入的"彩虹渐变"组中的"Spectrum"渐变，如图 P3.4.2—11 所示。

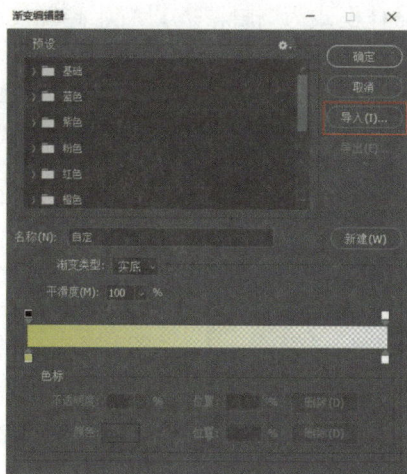

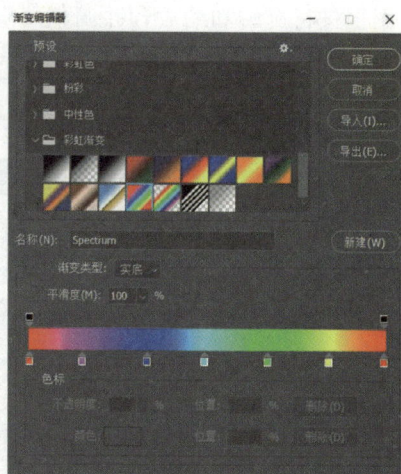

图 P3.4.2－10　　　　　　　　　　　图 P3.4.2－11

在矩形选区内自左向右填充"彩虹渐变"效果如图 P3.4.2－12 所示。

4. 选择【滤镜】→【扭曲】→【切变】，设置参数如图 P3.4.2－13 所示。

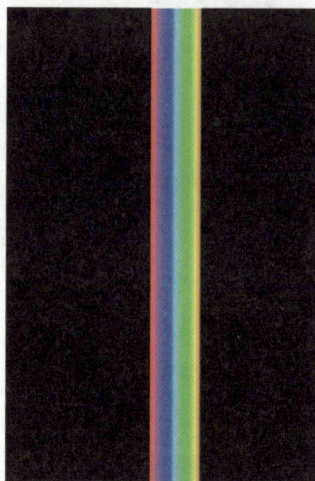

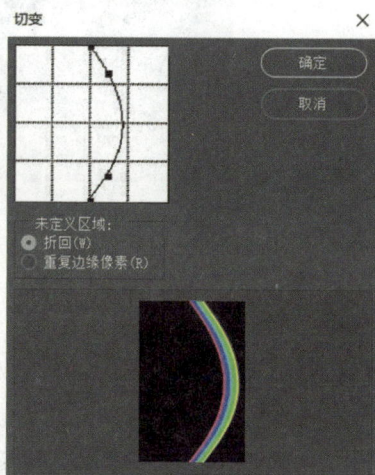

图 P3.4.2－12　　　　　　　　　　　图 P3.4.2－13

5. 选择【滤镜】→【模糊】→【高斯模糊】，设置参数如图 P3.4.2－14 所示。

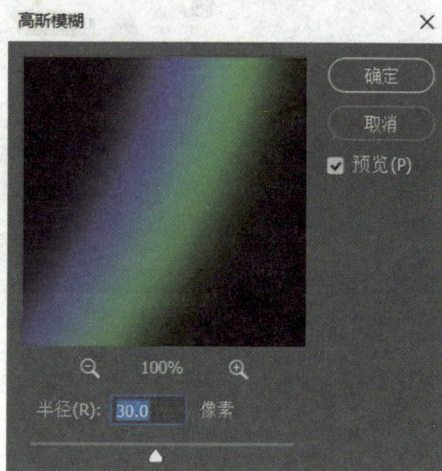

图 P3.4.2－14

6. 对"彩虹"图层进行旋转和缩放，并调整图层混合模式为"排除"，设置不透明度为"40％"，完成彩虹效果。

环保宣传海报彩虹效果如图 P3.4.2－15 所示。

图 P3.4.2－15

**任务 E：设计下雨效果**

1. 新建图层并填充黑色背景。

2. 选择【滤镜】→【像素化】→【点状化】，设置参数如图 P3.4.2－16 所示。

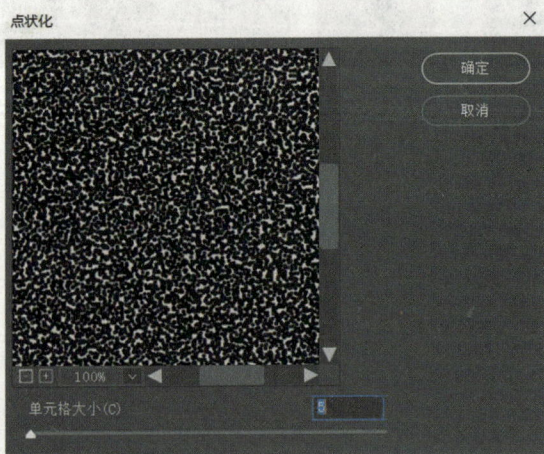

图 P3.4.2－16

3. 选择【滤镜】→【模糊】→【动感模糊】，设置参数如图 P3.4.2—17 所示。

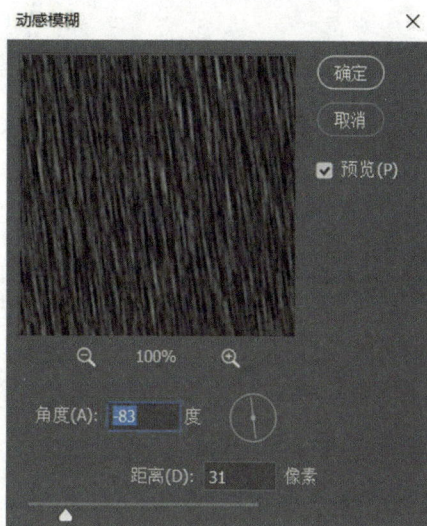

图 P3.4.2—17

4. 调整图层混合模式为"滤色"，设置不透明度为"30％"、填充为"60％"，完成下雨效果。环保宣传海报的最终效果如图 P3.4.2—18 所示。

图 P3.4.2—18

# 模块四　DM单设计

DM广告制作标准

　　广告DM单又名"直接邮寄广告"或"直投杂志广告"，就是通过邮寄、赠送等形式，将宣传品送到消费者手中。因此，DM单是区别于传统的广告刊载媒体（报纸、电视、广播、互联网等）的新型广告发布载体。传统广告刊载媒体贩卖的是内容，然后把发行量二次贩卖给广告主，而DM单则是直达目标消费者。本模块通过制作学校招生简章单折页DM单、商场新年促销单折页DM单、社团开放日单折页DM单、幼儿园招生宣传三折页DM单，讲解广告DM单的设计方法和制作技巧，以及DM单的具体设计流程。

## 项目4.1　单折页DM

### 项目4.1.1　学校招生简章（教学项目）

　　**教学内容：** 设计辽宁民族师范高等专科学校（以下简称辽宁民族师专）招生简章。

　　**教学目的：** 通过本项目学习，使学生掌握在Photoshop中制作单折页DM广告设计与制作的流程、标准、设计思路和常用技法，并能够将以往学习的知识和掌握的职业能力进行综合应用。

　　**项目情景：** 学生作为学校图文工作室的学员，为学校招生就业处设计学校招生简章。要求设计的单折页DM单要符合行业标准，既要满足功能性需求，又要满足项目需求。

　　**设计思路：** "招生简章单折页DM单"采取联想创意法，以心形照片墙、民族纹饰等元素传达学校办学理念与办学特色，展现学校办学优势。使用心形照片墙形象生动地表达学校以学生为中心的办学理念，使用民族纹饰设计突出民族师范院校办学优势，使用广告语"我们用优秀的人培养更优秀的人"突出学校雄厚的师资力量。以蓝色和白色进行邻近色搭配，突出了对教育事业的高尚、奉献精神的向往，以此给学生和家长良好印象，信任学校，促进报考。本项目设计中需要使用Photoshop中表格、PDF文件、AI文件、钢笔工具、页面渐变色填充等多种技法共同应用来完成。

　　**任务设计：** 辽宁民族师专招生简章设计

　　1. 新建文件

　　新建Photoshop文件，文件尺寸：宽度42.6厘米、高度29.1厘米。

　　分辨率：300像素/英寸　颜色模式：CMYK

　　2. 制作印刷出血位

　　制作上下左右各2厘米的印刷出血位，并根据页面水平中心添加一条垂直参考线。

　　3. 制作页面背景

　　(1)新建图层并填充深蓝到浅蓝的渐变色。

　　(2)建立填充背景

　　新建Photoshop文件，文件尺寸：宽度5厘米、高度5厘米，分辨率：72像素/英寸，颜色模式：RGB；新建图层，并删除背景图层；使用快捷键"Ctrl＋A"建立选区，设置前景色为蓝色，进行1像素描边；选择【编辑】→【定义图案】，将当前图层内容定为图案；切换回招生简章文件，新建图层，在【编辑】→【填充】→【自定图案】中找到刚定义好的图案进行填充；调整图层混合模式为"柔光"，并适当降低图层不透明度。

（3）建立单页渐变背景

① 新建图层并填充浅蓝到白色的渐变色；使用【钢笔工具】建立如图 P4.1.1－1 所示的工作路径，将路径转换为选区并进行反选，添加图层蒙版，实现如图 P4.1.1－2 所示的效果。

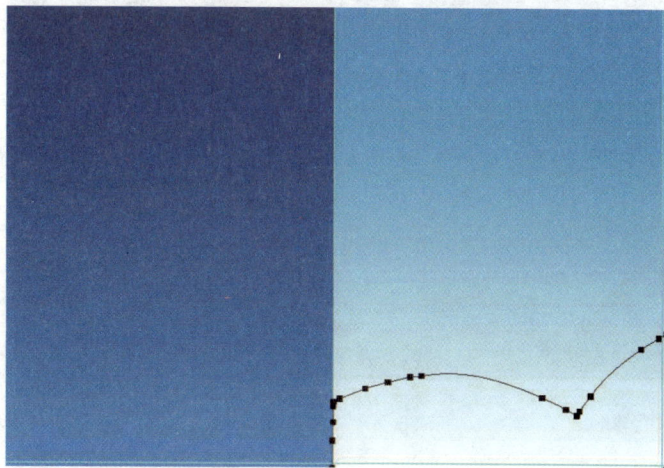

图 P4.1.1－1

图 P4.1.1－2

② 复制单页渐变背景图层并进行【水平翻转】，然后将其移动到左侧页面，如图 P4.1.1－3。

图 P4.1.1－3

③ 使用【钢笔工具】绘制书页路径，将路径转换为选区并填充适当的渐变色，效果如图 P4.1.1－4 所示。

图 P4.1.1－4

4. 制作心形照片墙

置入心形照片墙背景图片和相关人物图片；使用【魔棒工具】和【橡皮擦工具】去除心形照片墙背景图片的白色背景；根据心形照片墙标号相框的大小调整人物图片并进行圆角化处理。心形照片墙的效果如图 P4.1.1－5 所示。

图 P4.1.1－5

5. 添加其他素材图片

分别置入"民族纹饰""书籍""学士帽""打开的书籍""蒲公英"等素材图片，其中"蒲公英"图层的混合模式设置为"滤色"并适当调整不透明度，"书籍"图层设置为"投影"图层样式，另外，需要注意的是"书籍"和"蒲公英"图片是 AI 文件，在添加到 Photoshop 文件中时，在弹出的"打开为智能对象"对话框中选择默认设置即可，效果如图 P4.1.1－6 所示。

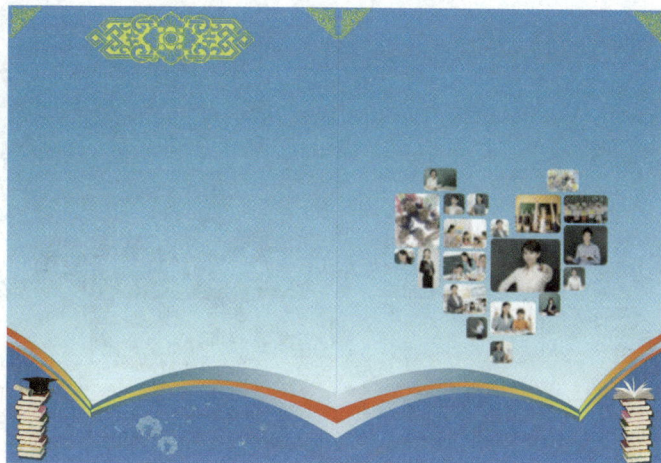

图 P4.1.1－6

6. 添加"招生计划表格"

在 Word 中制作招生计划表格，将 Word 文件另存为 PDF 文件，将"招生计划表格.pdf"文件拖拽添加到 Photoshop 中，导入选项选择默认设置，选择"招生计划表格"图层，添加"颜色叠加"(C＝99、M＝83、Y＝44、K＝8)图层样式，效果如图 P4.1.1－7 所示。

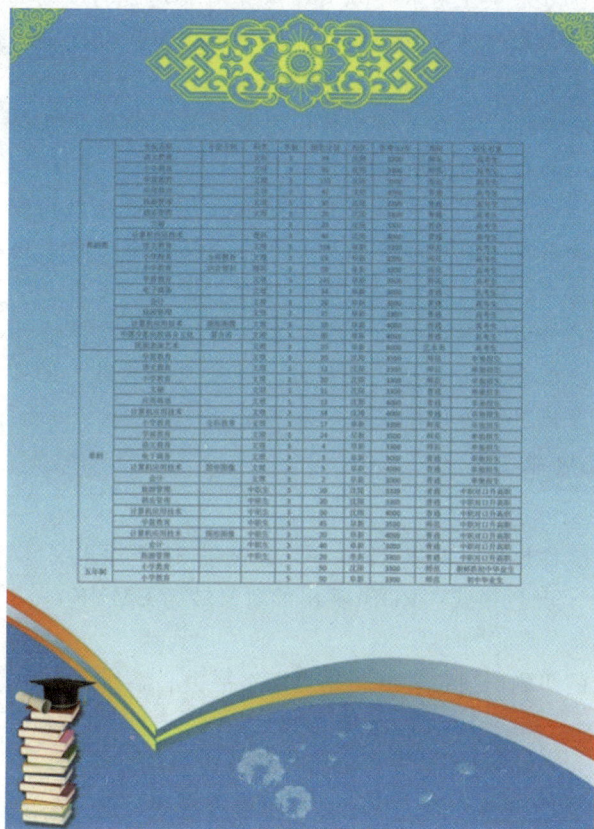

图 P4.1.1－7

7. 添加相关文本

使用文本工具添加学校中文名称、学校英文名称、广告语、招生信息等文本，其中广告语文本图层设置了"外发光"图层样式，招生简章成品图如图 P4.1.1－8 所示。

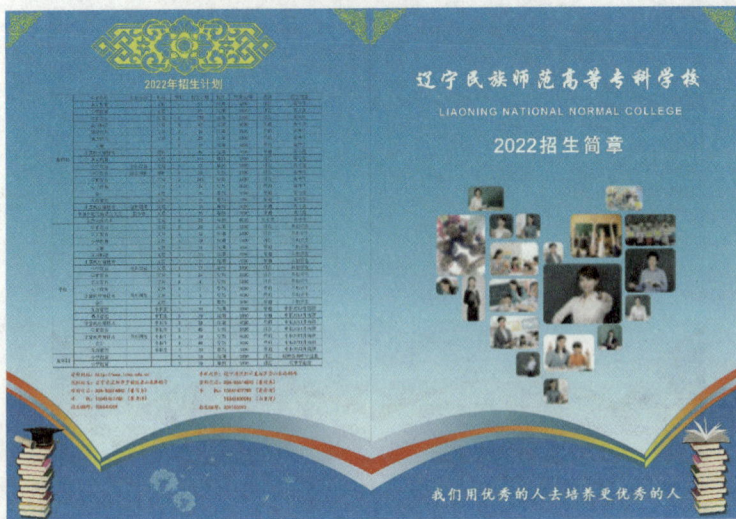

图 P4.1.1－8

## 项目 4.1.2　商场新年促销（工作项目）

　　**教学目的**：通过本任务学习，学生对教学项目中知识目标与能力目标进行进一步的巩固与训练，熟练掌握单折页 DM 广告设计与制作的流程、标准、设计思路和常用技法，并能够将以往学习的知识和掌握的职业能力综合应用于实际工作中。

　　**项目情景**：学生作为校企合作广告公司的学徒，为某商场设计新年促销 DM 单。要求设计的 DM 单要符合行业标准，既要满足其自身的功能性需求，又要满足商场新年促销的主题。

　　**设计思路**："商场新年促销 DM 单"采取联想和直接展示创意法，以福字、礼花、祥云、中国结等元素让人产生美好的联想；使用商品图片形象生动地表达了促销活动的主题，使用重心型版式设计使广告语更醒目，吸引人的注意力；以红色和黄色进行邻近色搭配，突出了节日热闹、欢快、温馨的气氛。在进行新年促销 DM 单广告设计时，首先要根据客户需求进行整体设计，再根据广告的具体作用设计相应内容，本任务设计中需要使用替换文字特效、花纹文字特效、RGB 与 CMYK 色彩模式的转换、图层组与智能对象的联合使用等多种技法共同来完成。

　　**项目设计**：新年促销 DM 单设计

1. 新建文件

新建 Photoshop 文件，文件尺寸：宽度 42.6 厘米、高度 29.1 厘米。

分辨率：300 像素/英寸　颜色模式：RGB（输出的时候转为 CMYK）

2. 制作印刷出血位

制作上下左右各 2 厘米的印刷出血位，并根据页面水平中心添加一条垂直参考线。

3. 制作正面页面背景

（1）新建"正面"图层组，新建图层并填充橙色到红色的放射状渐变色。

（2）置入"福字 1"图片，适当调整位置和大小，图层混合模式设置为"柔光"并降低不透明度，添加并编辑图层蒙版，使福字与背景融合。

（3）置入"福字底"图片和圆形"福字"，将圆形"福字"图层的不透明度降低，并添加【色相/饱和度】调整层，使圆形"福字"与背景融合，效果如图 P4.1.2－1 所示。

图 P4.1.2—1

4．制作正面底边效果

（1）新建图层，使用【椭圆选框工具】绘制深红色填充、黄色描边的半圆，并将该半圆转换为智能对象；双击该智能对象的缩略图进入智能对象内部，复制背景图层并将副本图层进行适当缩放和调整位置，以此类推，完成一个"放射状半圆"效果，如图 P4.1.2—2、图 P4.1.2—3 所示。

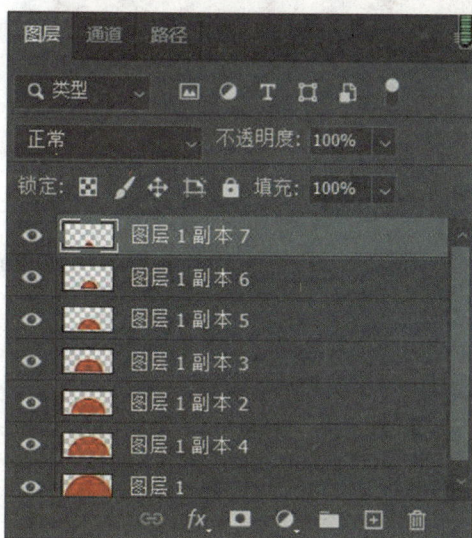

图 P4.1.2—2

图 P4.1.2—3

（2）关闭智能对象文件，回到新年促销 DM 单文件，复制智能对象图层并调整位置，完成正面底边的图形，效果如图 P4.1.2—4 所示。

图 P4.1.2—4

（3）选择所有正面底边的图层，单击鼠标右键，在菜单中选择"转换为智能对象"命令，将所有正面底边图层转换为一个智能对象，添加投影和橙黄橙渐变叠加图层样式，效果如图 P4.1.2—5 所示。

图 P4.1.2-5

5. 制作替换文字

(1)新建"替换文字"图层组，使用文字工具添加"2022"文本，给文本图层添加图层蒙版，使用【画笔工具】在图层蒙版上擦除掉数字 0；置入圆形"福字"于数字 0 的位置，如图 P4.1.2-6 所示。

图 P4.1.2-6

(2)选择"2022"文本图层和圆形"福字"图层，转换为智能对象，添加绿到红渐变描边和橙黄橙渐变叠加图层样式，如图 P4.1.2-7 所示。

图 P4.1.2-7

(3)置入"福字 1"图片，并适当调整大小和位置，使其覆盖 2022 智能对象文本，单击 2022 智能对象图层的缩略图，建立基于文本的选区，在"福字 1"图层上单击"添加图层蒙版"按钮，创建基于选区的图层蒙版，适当调整该图层不透明度，效果如图 P4.1.2-8 所示。

图 P4.1.2-8

6. 制作花纹文字

(1)新建"花纹文字"图层组，使用文字工具添加"新年巨献"文本；置入祥云图片并调整位置，效果如图 P4.1.2-9 所示。

图 P4.1.2-9

（2）选择"新年巨献"文本图层和"祥云"图层，转换为智能对象，添加红到绿渐变描边和橙黄橙渐变叠加图层样式，如图 P4.1.2－10 所示。

图 P4.1.2－10

（3）置入"福字 1"图片，并适当调整大小和位置，使其覆盖新年巨献智能对象文本，单击新年巨献智能对象图层的缩略图，建立基于文本的选区，在"福字 1"图层上单击"添加图层蒙版"按钮，创建基于选区的图层蒙版，适当调整该图层不透明度，效果如图 P4.1.2－11 所示。

图 P4.1.2－11

7. 制作其他文本效果。

8. 置入其他图片素材。

9. 盖印图层并转换为智能对象，选择【滤镜】→【渲染】→【镜头光晕】命令，为图像添加光晕效果，效果如图 P4.1.2－12 所示。

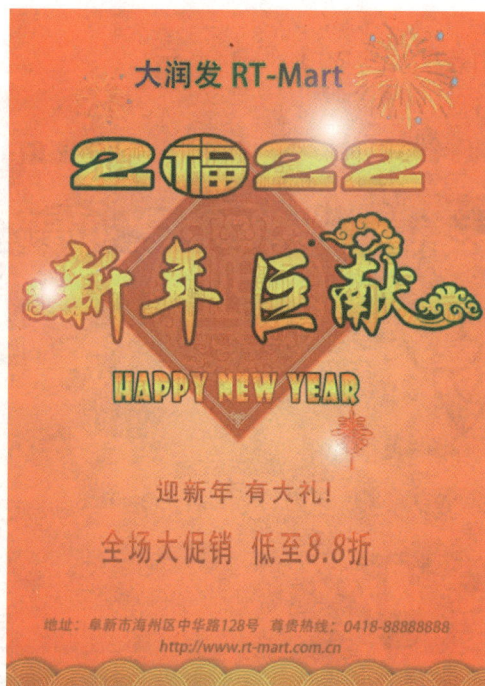

图 P4.1.2－12

10. 制作背面页面背景

添加"背面"图层组，并制作背面页面背景。

11. 制作背面底边效果。

12. 制作背面主体文本

（1）制作背面主体花纹文本，操作步骤与正面花纹文本类似。

（2）选择【三角形工具】，属性设置为：工具模式→形状、填充→无、描边→红色、80 像素、描边选项→角点→圆角，绘制三角形形状并进行垂直翻转；将三角形形状图层栅格化，使用【矩形选框工具】对三角形形状多余部分进行选择并按"Delete"键删除，添加"描边""渐变叠加"和"投影"图层样式（注意三角形边框的三个部分要放在三个不同的图层中，左上三角形边框图层设置为绿色描边、橙黄橙渐变叠加和投影，右上三角形边框图层设置为红色描边、橙黄橙渐变叠加和投影，下部三角形边框图层设置绿到红描边、橙黄橙渐变叠加和投影），效果如图 P4.1.2—13 所示。

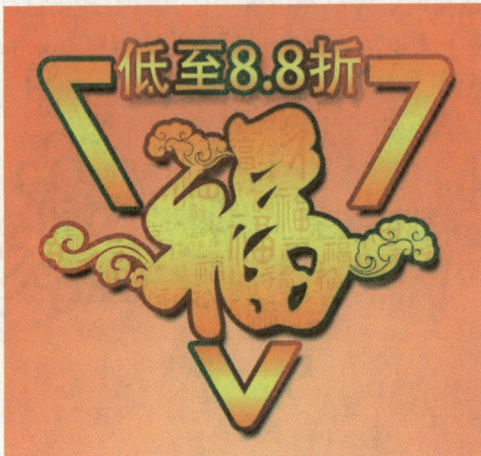

图 P4.1.2—13

13. 制作背面页面其他文本和图形

制作步骤（略）

商场新年促销 DM 单成品图效果如图 P4.1.2—14 所示。

图 P4.1.2—14

# 项目 4.2　三折页 DM

## 项目 4.2.1　社团开放日（教学项目）

**教学内容**：设计社团开放日三折页 DM 单。

**教学目的**：通过本项目学习，学生对教学项目中知识目标与能力目标进行进一步的巩固与训练，熟练掌握三折页 DM 广告设计与制作的流程、标准、设计思路和常用技法，并能够将以往学习的知识和掌握的职业能力进行综合应用。

**项目情景**：学生作为学校图文工作室工作人员，在学校要求下制作社团开放日三折页 DM 单。要求设计的 DM 单要符合行业标准，既要满足其自身的功能性需求，又要满足社团开放日的宣传主题。

**设计思路**："社团开放日三折页 DM 单"采用组合置换创意，以发光文字特效、星形图片特效、心形路径填充文本等元素展示社团活动的丰富多彩，使用云彩图形突出社团活动的多样性，使用树形图案和星形图片预示着学生在社团里茁壮成长，以蓝色和绿色进行邻近色搭配，突出社团活动朝气蓬勃、健康向上的氛围。在进行社团开放日三折页 DM 单广告设计时，首先要根据学校需求进行整体设计，再根据宣传单的具体作用设计相应内容。本任务设计中需要使用发光文字特效、多层剪贴蒙版、渲染特效等多种技法共同来完成。在制作三折页 DM 单时需要注意封面、封底、内页和折页的折法之间的对应关系。本项目为内三折 DM 单。

### 任务设计：社团开放日三折页 DM 单设计

1. 新建文件

新建 Photoshop 文件。

文件尺寸：宽度 42.6 厘米、高度 29.1 厘米

分辨率：300 像素/英寸　　颜色模式：CMYK

2. 制作印刷出血位

制作上下左右各 2 厘米的印刷出血位，并根据页面去除印刷出血位的水平宽度，添加两条垂直参考线，水平三等分去除印刷出血位的页面。

3. 制作封面背景

(1)新建"封面"图层组，新建图层并填充浅蓝色到绿色的线性渐变色。

(2)制作封面绿色底边。

4. 制作封面放射状效果

(1)制作霞光

使用【矩形选框工具】制作矩形选区，选择【选择】→【变换选区】，单击鼠标右键，在弹出的菜单中选择"斜切"，制作梯形选区并添加白色到白色透明度适当改变的渐变色，制作第一条霞光；复制霞光图层并更改方向和位置，将所有霞光图层选中并转换为智能对象，实现霞光效果，如图 P4.2.1－1 所示。

(2)制作中心光芒

使用【椭圆选框工具】，设置羽化值为 50，建立圆形选区，填充白色到透明径向渐变，实现中心光芒的效果，如图 P4.2.1－2 所示。

(3)制作圆形光斑

使用【椭圆选框工具】绘制圆形选区，填充白色半透明像素，适当调整图层不透明度，实现圆形光斑效果。

(4)制作动感特效

新建图层并转换为智能对象；双击该图层缩略图进入智能对象内部，使用【裁切工具】对智能对象

的工作区进行裁切，仅保留封面区域；填充黑色背景；将当前图层转换为智能对象，按快捷键"Ctrl＋D"将前景色设为"黑色"、背景色设为"白色"，选择【滤镜】→【渲染】→【云彩】，添加"云彩"滤镜；选择【滤镜】→【模糊】→【径向模糊】（设置参数数量"100"、缩放），添加"径向模糊"滤镜；关闭并保存智能对象，将该智能对象图层混合模式设置为"叠加"，实现动感特效，如图 P4.2.1－3 所示。

图 P4.2.1－1          图 P4.2.1－2          图 P4.2.1－3

5. 制作开放日日期文本效果

(1)使用文本工具制作开放日日期文本。

(2)添加"外发光""渐变叠加""光泽""内发光"和"内阴影"图层样式，文本效果如图 P4.2.1－4 所示。

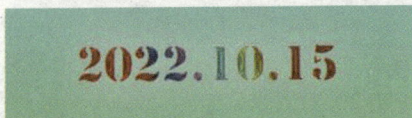

图 P4.2.1－4

6. 制作"广告语"发光字效果

(1)使用文本工具，设置字体为"华文彩云"，制作广告语文本，并设置"外发光"图层样式。

(2)复制"广告语"文本图层，添加"投影"图层样式，效果如图 P4.2.1－5 所示。

图 P4.2.1－5

7. 制作"社团开放日"主体文字效果

(1)使用文本工具，制作"社团开放日"主体文字，添加"描边"图层样式，设置参数如图 P4.2.1－6 所示。

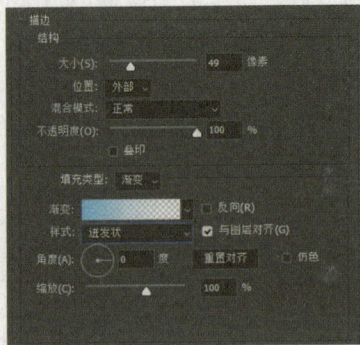

图 P4.2.1－6

（2）在"社团开放日"文字图层上面新建图层，建立覆盖"社团开放日"文字的矩形选区，并填充彩虹线性渐变，单击鼠标右键，在弹出的菜单中选择"创建剪贴蒙版"，实现彩虹文字效果。

（3）再次新建图层，用"拼贴2"的【自定义形状工具】在覆盖"社团开放日"文字的矩形选区内绘制图形，单击鼠标右键，在弹出的菜单中选择"创建剪贴蒙版"，实现多层剪贴蒙版效果，如图 P4.2.1－7 所示。

图 P4.2.1－7

8. 制作封底背景

新建"封底"图层组，新建图层并制作封底背景、绿色底边和霞光效果，制作方法与封面类似，不再赘述。

9. 制作封底主体文字

使用【横排文字蒙版工具】在适当位置建立封底主体文字选区，使用快捷键"Ctrl＋J"创建"通过拷贝的图层"，添加"描边""外发光"和"投影"图层样式，效果如图 P4.2.1－8 所示。

图 P4.2.1－8

10. 制作树叶图片效果

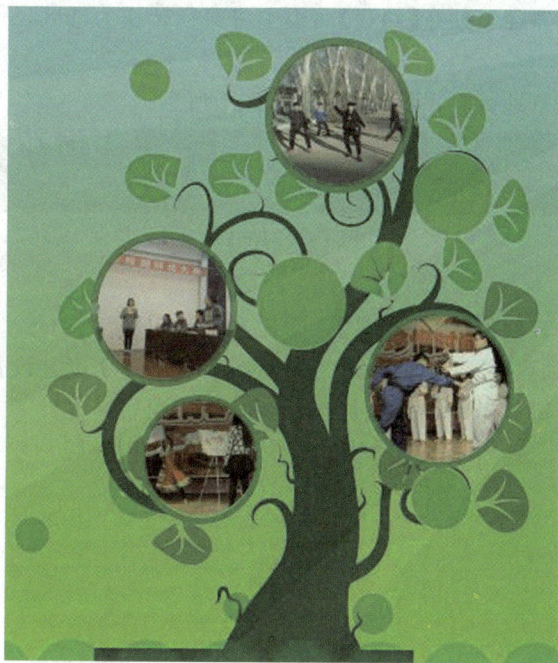

图 P4.2.1－9

制作"树木"素材图片和社团活动素材图片，适当调整它们的位置和大小；使用【椭圆选框工具】建立基于树叶的圆形选区；选择社团活动图层，单击"添加图层蒙版"按钮，建立基于树叶选区的图层蒙版，实现树叶图片的效果，如图 P4.2.1—9 所示。

11. 制作内页背景

(1)建立"内页"图层组，新建图层，填充"蓝到绿"渐变色。

(2)复制背景图层并转换为智能对象，背景色设为"白色"，添加"拼贴"滤镜(拼贴数"50"、最大位移"10％")、"高斯模糊"滤镜(半径"4.5")、"径向模糊"滤镜(数量"10"、模糊方法"缩放")，实现内页背景特效，如图 P4.2.1—10 所示。

图 P4.2.1—10

12. 制作草地背景

(1)使用【钢笔工具】绘制路径，并在【路径】面板中将路径转换为选区，使用【渐变工具】填充选区得到草地背景效果。

(2)以此类推，制作其他草地效果，如图 P4.2.1—11 所示。

图 P4.2.1—11

13. 制作星星树叶效果

(1)置入"树木"素材图片，使用【画笔工具】，为树木绘制阴影。

(2)新建图层，添加"白到黑"的渐变色，适当调整图层的不透明度并设置剪贴蒙版。

(3)使用【多边形工具】绘制五角星，并添加"斜面和浮雕"图层样式。

(4)置入社团活动图片，适当调整位置和大小，设置剪贴蒙版，实现星星树叶的效果，如图 P4.2.1—12 所示。

图 P4.2.1－12

14. 制作云团

置入"白云"素材图片，添加社团名称文本并设置"投影"图层样式。

15. 制作心形文本

（1）制作心形路径填充效果

使用【自定义形状工具】绘制心形路径，将路径转换为选区，新建图层，向心形选区中填充透明到白色的线性渐变，如图 P4.2.1－13 所示。

（2）制作路径内填充文本

在路径面板中激活心形路径，选择【横排文字工具】移动鼠标光标进入路径内部，在鼠标变为带圈光标的情况下，单击输入文本即可实现路径内填充文本效果，如图 P4.2.1－14 所示。

（3）心形路径描边

设置大小 5 像素、白色、柔边缘画笔；新建图层，在路径面板中激活心形路径，选择"描边路径"，勾选"模拟压力"，实现心形路径描边，如图 P4.2.1－15 所示。

图 P4.2.1－13

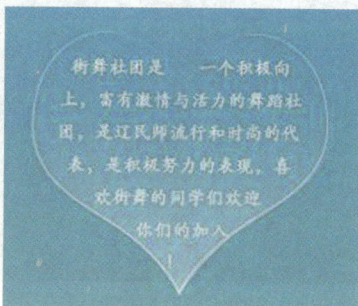

图 P4.2.1－14

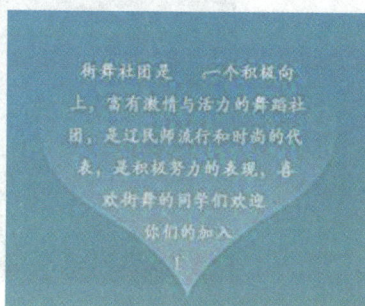

图 P4.2.1－15

16. 制作云团连线

使用【钢笔工具】绘制云团连线路径，设置大小 5 像素、白色、柔边缘画笔；新建图层，在路径面板中激活云团连线路径，选择"描边路径"，勾选"模拟压力"，实现云团连线效果，如图 P4.2.1－16 所示。

图 P4.2.1—16

17. 制作折页背景

新建"折页"图层组，拷贝"内页背景""内页背景 副本"和"草原"图层，将拷贝的图层合并为一个图层，使用【矩形选框工具】建立基于画面中间的两条参考线的矩形选区，使用快捷键"Ctrl＋J"建立基于选区的新图层，调整图像位置和大小设置好折页背景，如图 P4.2.1—17 所示；置入"星星""云朵"等相关素材图片，完善折页背景。

图 P4.2.1—17

18. 制作折页文本

使用【矩形工具】、【圆角矩形工具】绘制折页文本衬底，使用文本工具制作折页文本。社团开放日三折页 DM 单封面、封底效果如图 P4.2.1—18 所示。

图 P4.2.1—18

19. 制作效果图文件

根据制作出的成品图通过设置图层旋转角度、投影、对比度等方式制作效果图，如图 P4.2.1—19 所示。

图 P4.2.1—19

## 项目 4.2.2　幼儿园招生宣传(工作项目)

**教学内容:** 设计幼儿园招生宣传三折页 DM 单。

**教学目的:** 通过本任务的学习，学生对教学项目中知识目标与能力目标进行进一步的巩固与训练，进一步掌握三折页 DM 单广告设计与制作的流程、标准、设计思路和常用技法，并能够将以往学习的知识和掌握的职业能力综合应用于实际工作中。

项目情景：学生作为校企合作广告公司的学徒，为某幼儿园设计招生宣传三折页 DM 单。要求设计的 DM 单要符合行业设计标准，既要满足幼儿园对招生宣传的需求，又要满足幼儿园"孩子至上，亲情至上，快乐至上"的办学理念，突出幼儿园是孩子茁壮成长的摇篮。

设计思路："幼儿园招生宣传三折页 DM 单"采用神奇幻想的创意，以花朵、树苗、星星、水泡等元素让人对幼儿园产生美好的联想；使用幼儿园实景图片形象生动地向家长传达了幼儿园现代、舒适、健康的成长环境；使用曲线型、对称型、骨骼型构图版式设计使画面中内容更加欢快，更能吸引家长和孩子的眼球；以蓝色和白色进行邻近色搭配，突出了幼儿园活泼、舒适、欢乐的气氛。在进行幼儿园招生宣传三折页 DM 单广告设计时，首先要根据幼儿园实际需求进行整体设计，再根据幼儿园招生宣传的特殊性设计相应内容，本项目设计中需要使用照片滤镜、路径描边、动态画笔、多层剪贴蒙版、文本填充路径、图像变换等多种技法来完成。

**任务设计：幼儿园宣传招生三折页 DM 单设计**

1. 新建文件
新建 Photoshop 文件。
文件尺寸：宽度 42.6 厘米、高度 29.1 厘米
分辨率：300 像素/英寸　颜色模式：CMYK

2. 制作印刷出血位
制作上下左右各 2 厘米的印刷出血位，并根据页面去除印刷出血位的水平宽度，添加两条垂直参考线，水平三等分去除印刷出血位的页面。

3. 制作封面背景
(1)新建"封面"图层组，新建图层并填充浅蓝色→白色→浅蓝色的线性渐变色。
(2)复制背景图层，使用【加深工具】进一步完善背景效果。
(3)添加【照片滤镜】调整层，增加背景的色调。
(4)添加【曲线】调整层，增加背景的影调。

4. 制作曲面曲线
(1)使用【钢笔工具】绘制曲线路径，并进行路径描边。
(2)使用【钢笔工具】绘制曲面路径，将路径转换为选区并填充，使用【模糊工具】和【涂抹工具】进行微调，优化曲面效果，如图 P4.2.2—1 所示。

图 P4.2.2—1

5. 制作花朵效果
置入"花朵"素材图片，设置"花朵"图层的混合模式分别为"柔光"和"滤色"。

6. 制作星光效果

（1）绘制光球

使用【椭圆选框工具】建立羽化值为 30 像素的椭圆选区，填充白色并调整不透明度为 70%。

（2）绘制闪光

使用【矩形选框工具】建立羽化值为 5 像素的矩形选区，填充白色透明→白色→白色透明的线性渐变，形成横线闪光；复制横线闪光图层并旋转 90°，形成纵向闪光；调整闪光位置并将光球与闪光图层合并，形成一个闪耀的星光。如图 P4.2.2－2 所示。

图 P4.2.2－2

（3）复制星光图层，形成星光效果。

7. 制作随机光球效果

设置前景色为"白色"，选择【画笔工具】，设置属性栏参数（大小"87 像素"、预设"柔边圆"、画笔间距"110%"、形状动态"100% 大小抖动、50% 最小直径"、散布"800% 两轴、2 数量、100% 数量抖动"），设置好动态画笔后，在适当位置涂抹形成随机光球效果，如图 P4.2.2－3 所示。

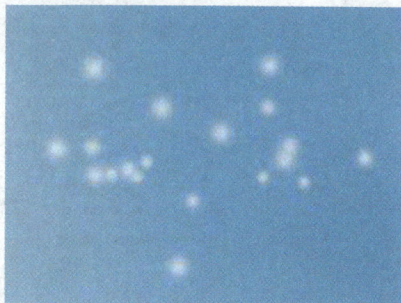

图 P4.2.2－3

8. 制作水泡效果

（1）使用【椭圆选框工具】建立圆形选区，填充白色。

（2）借助白色圆形的几何中心绘制羽化值为 30 像素的同心圆选区，按"Delete"键删除选区内容，形成基础水泡图形，如图 P4.2.2－4 所示。

（3）在基础水泡图形的适当位置建立羽化值为 15 像素的圆形选区，填充白色，形成水泡的反光位置。

（4）在基础水泡图形的适当位置建立适当大小的圆形选区，填充白色，形成水泡的高光点，以此类推，制作水泡其他高光点，效果如图 P4.2.2－5 所示。

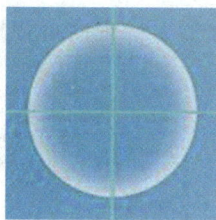　　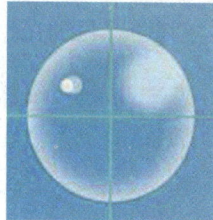

图 P4.2.2－4　　　　图 P4.2.2－5

9. 制作 LOMO 文字效果

(1)选择【横排文字蒙版工具】，设置字体为"华文琥珀"、字号为"48 号"，在画布的适当位置输入封面主体文字选区；填充白色背景；收缩 6 像素，羽化 2 像素；按"Delete"键删除，并添加"外发光"图层样式，如图 P4.2.2－6 所示。

(2)选择【横排文字工具】，设置字体为"华文彩云"、字号为"48 号"、颜色为"白色"，在画布的适当位置输入封面主体文字，添加"外发光"图层样式，LOMO 文字效果如图 P4.2.2－7 所示。

　　　图 P4.2.2－6　　　　　　　　图 P4.2.2－7

10. 制作封面其他文字效果。

11. 制作封底文字效果

封底文字添加了"外发光"和"投影"图层样式。

12. 制作内页背景

(1)新建"内页"图层组，复制封面背景图层到"内页"图层组。

(2)置入"海底"素材图片，并适当降低图层不透明度。

(3)使用【钢笔工具】制作内页曲面，复制"内页曲面"图层，并将"内页曲面副本"的颜色加深，使用【缩放】命令对"内页曲面副本"图形进行水平缩放，实现海底边框效果，如图 P4.2.2－8 所示。

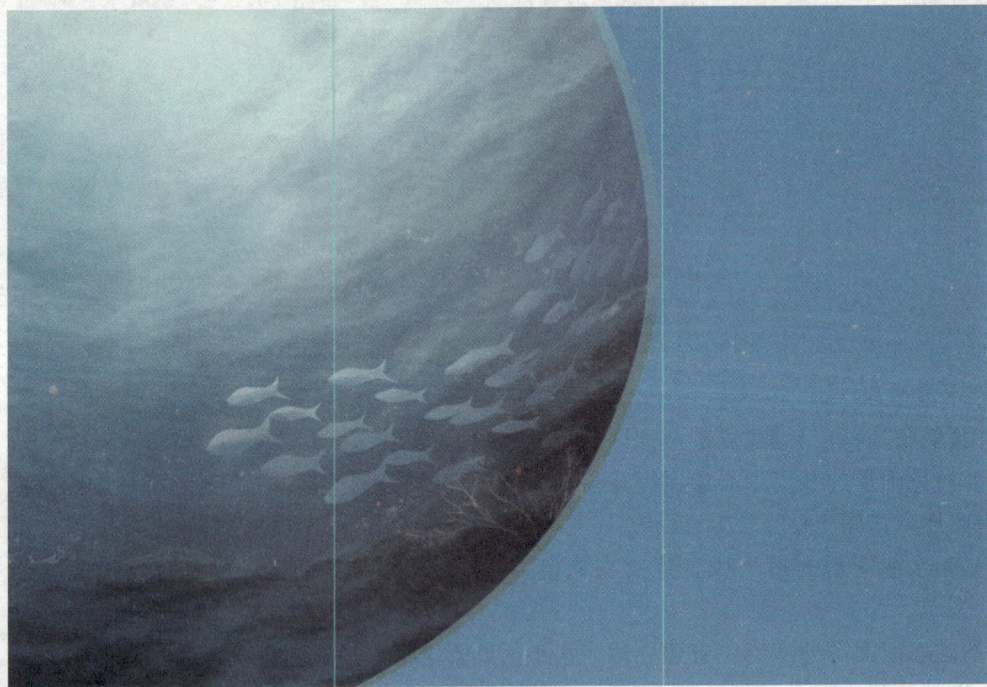

图 P4.2.2－8

(4)置入"海洋"素材图片，建立基于选区的图层蒙版，实现内页背景效果，如图 P4.2.2－9 所示。

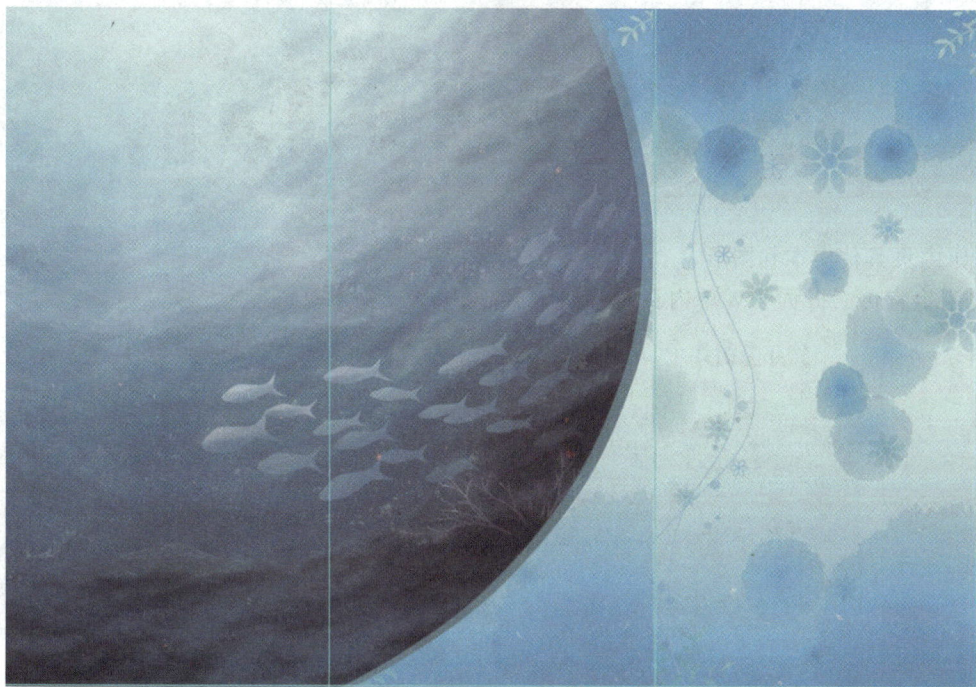

图 P4.2.2—9

13. 制作圆环照片效果

(1)使用【椭圆选框工具】建立圆形选区，【存储选区】为通道"1"；选择【变换选区】命令，按住"Shift＋Alt"键以当前圆形选区为中心向外扩展选区；选择【载入选区】通道"1"→从选区中减去，即可生成环形选区；填充深蓝→浅蓝→深蓝的线性渐变，效果如图 P4.2.2—10 所示。

(2)复制圆环图层，按"Ctrl＋T"进行自由变换，按住"Shift＋Alt"键以当前圆环为中心向外放大圆环；按住"Ctrl"键并单击圆环副本缩略图可填充蓝色放射状渐变，效果如图 P4.2.2—11 所示。

(3)置入幼儿园素材图片，【载入选区】通道"1"，建立基于圆形选区的图层蒙版，实现圆环照片效果，如图 P4.2.2—12 所示。

图 P4.2.2—10　　　　　　图 P4.2.2—11　　　　　　图 P4.2.2—12

14. 制作内页标题文本

(1)制作内页标题文本。

(2)建立遮盖标题文本的矩形选区，填充深色谱的线性渐变，设置图层剪贴蒙版。

(3)在标题文本上绘制"心形"自定义形状，添加"颜色叠加"和"渐变叠加"图层样式，设置图层剪贴蒙版。

(4)置入"水"素材并遮盖标题文本，降低图层不透明度并设置图层剪贴蒙版，实现内页标题文本多层剪贴蒙版效果，如图 P4.2.2—13 所示。

图 P4.2.2—13

15. 制作内页其他文本和图形。

幼儿园招生宣传三折页 DM 单内页效果如图 P4.2.2—14 所示。

图 P4.2.2—14

16. 制作折页背景

使用内页中间区域部分背景作为折页背景，替换折页内容图片。幼儿园招生宣传三折页 DM 封面、封底、折页效果如图 P4.2.2—15 所示。

图 P4.2.2—15

17. 制作效果图

在完成的成品图基础上调整图像大小、位置、对比度等制作本项目效果图。幼儿园招生宣传三折页效果图如图 P4.2.2—16 所示。

图 P4.2.2—16

户外广告制作标准

## 模块五　户外广告设计

## 项目 5.1　灯箱——学校食堂灯箱广告设计（开放项目）

**教学内容：**设计学校食堂灯箱广告。

**教学目的：**灯箱广告是一种比较常见的室内外广告，灯箱广告的设计与制作是平面设计员的典型工作之一。通过本项目学习，使学生掌握灯箱广告设计与制作的流程、标准和常用技法，并能够将以往学习的知识和掌握的职业能力进行综合应用。

**项目情景：**学生作为学校图文工作室的学员，为学校水吧制作灯箱广告。要求设计的灯箱广告要符合行业标准，既要满足其自身功能性需求，又要符合水吧饮品的宣传主题。

**设计思路：**"学校食堂灯箱广告"采取连续系列创意法，使用"赤橙黄绿青"色彩搭配和重心型版式构图，突出多种体验、多彩生活的学校水吧饮品宣传主题。

**任务 A——撰写项目设计策划书**

- 划分学生项目组（四组、每组 3～4 人）。
- 根据项目需求和演示文件撰写项目设计策划书。
- 学生项目组中同学之间沟通交流项目制作方案。

**任务 B：设计制作教学项目**

- 学生参照效果图自学并制作学校食堂灯箱广告。

**任务 C：分组进行项目汇报**

- 学生项目组代表进行项目汇报（四组每组选出一名代表）。

**任务 D：完善优化教学项目**

操作步骤：

该案例要设计的是食堂水吧灯箱，水吧中饮料的颜色是五彩缤纷的，为了达到良好的设计效果，尝试按照"赤橙黄绿青"这样的配色思路进行表现，因此，将灯箱的背景依次设定为这五种颜色，然后，将各饮料图样放置于相应的区域位置，摆放后的图像效果如图 P5.2－1 所示。通过上述尝试，我们发现这样的配色效果是可以满足灯箱设计需求的，接下来，按照上述配色思路进行水吧灯箱图样的设计与制作。

图 P5.1－1

1. 新建文件

文件尺寸：宽度 50 厘米、高度 70 厘米。

分辨率：300 像素/英寸　颜色模式：CMYK

2. 制作印刷出血位

将该图像的出血位设定为 2 厘米，外缘作为压进灯箱内部、固定灯片的预留部分。

3. 制作"鲜榨系列——草莓鲜榨（赤）"灯箱效果

（1）制作红到白渐变背景。

（2）新建图层，填充红色到透明放射状渐变，强化渐变效果。

（3）置入素材图片，设置"柔光"图层混合模式，添加灰到白图层蒙版。

（4）添加橙色渐变过渡，搭配临近灯箱背景。

（5）置入"小草""木桌"素材图片，添加"镜头模糊"滤镜，突出主体内容。

（6）制作"草莓鲜榨汁"和"商品售价"文本。

（7）置入"草莓鲜榨杯子"和"草莓"素材图片，使用画笔工具绘制产品阴影效果，如图 P5.1－2 所示。

图 P5.1－2

4. 制作"奶茶系列——布丁奶茶（橙）"灯箱效果

（1）制作橙到白渐变背景。

（2）置入"橙色背景 1"素材图片，设置"叠加"图层混合模式，添加并编辑图层蒙版。

（3）置入"橙色背景 2"素材图片，设置"柔光"图层混合模式，降低图层不透明度。

（4）添加橙到黄渐变过渡，搭配临近灯箱背景。

（5）置入"木桌"素材图片，添加"镜头模糊"滤镜，突出主体内容。

（6）制作"鲜椰果奶茶"和"商品售价"文本。

（7）使用【钢笔工具】制作茶叶效果。

（8）置入"布丁奶茶杯子"和"椰子"素材图片，画笔绘制产品阴影效果，如图 P5.1－3 所示。

图 P5.1－3

5. 制作"奶昔系列——芒果奶昔（黄）"灯箱效果

(1) 制作黄到白渐变背景。

(2) 置入"黄色背景"素材图片，降低图层不透明度。

(3) 置入"橙色背景2"素材图片，设置"柔光"图层混合模式，降低图层不透明度。

(4) 添加绿色渐变过渡，搭配临近灯箱背景。

(5) 置入"牛奶""木桌"素材图片，添加"镜头模糊"滤镜，突出主体内容。

(6) 制作"芒果酸奶昔"和"商品售价"文本。

(7) 置入"芒果奶昔杯子"和"芒果"素材图片，画笔绘制阴影效果，如图 P5.1－4 所示。

图 P5.1－4

6. 制作"茶饮系列——薄荷柠檬（绿）"灯箱效果

(1) 制作绿到白渐变背景。

(2) 新建图层，添加绿色柔边缘圆形光斑，优化背景效果。

(3) 使用黄绿色大小抖动、散布动态画笔制作斑驳的背景效果。

(4) 添加蓝色渐变过渡，搭配临近灯箱背景。

(5) 置入"木桌"素材图片，添加"镜头模糊"滤镜，突出主体内容。

(6) 载入"冰块画笔"，设置前景色为白色，绘制冰块效果。

(7) 制作"薄荷柠檬茶"和"商品售价"文本。

(8) 置入"柠檬饮料"和"柠檬"素材图片，画笔绘制阴影效果。

(9) 新建图层，制作闪光效果，灯箱效果如图 P5.1－5 所示。

图 P5.1－5

7. 制作"气泡系列——气泡果汁(青)"灯箱效果

(1)制作青到白渐变背景。

(2)新建图层,填充"青色到透明"放射状渐变,强化渐变效果。

(3)置入青色背景素材图片,设置"叠加"图层混合模式。

(4)添加青到蓝渐变过渡,搭配临近灯箱背景。

(5)置入"冰山""木桌"素材图片,添加"镜头模糊"滤镜,突出主体内容。

(6)制作"哈瓦斯汽水"和"商品售价"文本。

(7)制作水泡。

(8)置入"气泡果汁杯子"和"樱桃"素材图片,画笔绘制阴影效果,如图 P5.1-6 所示。

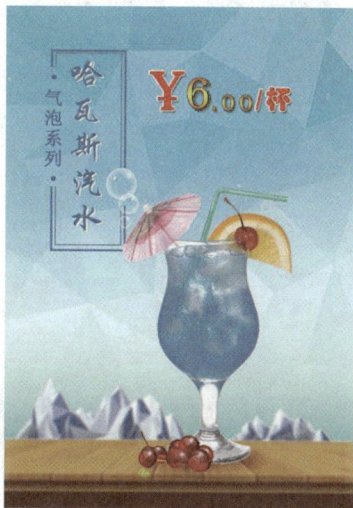

图 P5.1-6

8. 制作学校食堂灯箱广告效果图

(1)新建宽度为 60 厘米,高度为 25 厘米,分辨率为 300 像素/英寸、颜色模式为 RGB 的效果图文件。

(2)制作渐变背景,分别置入 5 张灯箱图片,并设置"外发光"图层样式。

(3)使用【矩形选框工具】制作灯箱架效果。

(4)盖印出两个图层,将上面图层的混合模式设置为"柔光",增强图像的色调,学校食堂灯箱广告效果图如图 P5.1-7 所示。

图 P5.1-7

# 第二部分　Photoshop 基础知识与技巧

Photoshop 文件操作
与环境设置

## K1.1　基础操作

### K1.1.1　文件操作

下载并安装好 Photoshop 后，可以通过打开文件，使用【缩放工具】、【抓手工具】、【移动工具】等查看文件来完成 Photoshop 的初步体验。

**一、打开文件**

（一）打开文件的方式

1. 初始界面的"打开"按钮

打开 Photoshop，在软件的初始界面左侧有两个按钮——"新建"按钮和"打开"按钮，如图 K1.1.1—1 所示。

图 K1.1.1—1

单击初始界面的"打开"按钮，在弹出的"打开"对话框中选择要打开的文件，单击"打开"按钮即可打开选中的文件，如图 K1.1.1—2 所示。

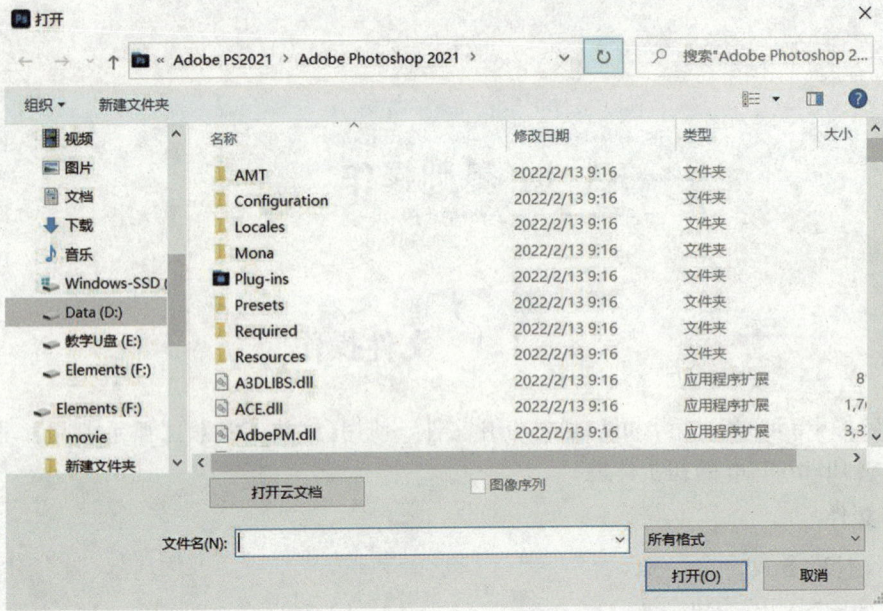

图 K1.1.1-2

2. 文件菜单的打开命令

执行【文件】菜单→【打开】命令也能打开文件。

3. 将文件拖到软件中

将文件拖拽至软件中也可将文件打开。具体操作方法是：将选中的文件拖拽到 Photoshop 菜单栏或属性栏的位置，然后释放鼠标左键即可打开文件，如图 K1.1.1-3、图 K1.1.1-4 所示。需要注意的是：这种方式很容易发生误操作，如果拖拽时不小心在已经打开的文件中释放鼠标左键，那么这张图片将会置入已经打开的图片之中。

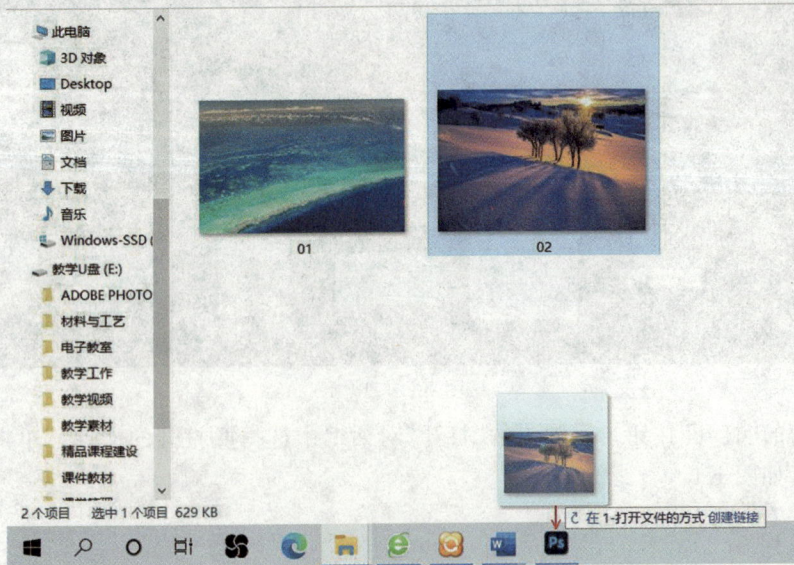

图 K1.1.1-3

图 K1.1.1—4

4. 置入文件

如果想将图片导入已打开的文件中，可以使用 Photoshop 的【置入嵌入对象】功能。具体操作方法是：选择【文件】菜单→【置入嵌入对象】命令，在弹出的对话框中选择相关图片文件并确认，即可将相应图片导入已打开的文件中。

(二)打开不同类型文件

Photoshop 支持多种不同类型的文件，常见的文件类型有 JPG、PSD、PNG、GIF、RAW 等。

1. 打开 JPG 文件

JPG 格式是人们日常接触最多的图片格式，JPG 格式图片只有一个图层。如图 K1.1.1—5 所示。

图 K1.1.1—5

2. 打开 PSD 文件

PSD 格式是 Photoshop 自带的源文件格式，PSD 格式可以保存图层。如图 K1.1.1—6 所示。

图 K1.1.1—6

图层可以看成一张张透明的玻璃纸，我们可以将不同的图像放在不同的图层上进行独立操作而不影响其他图层。

3. 打开 PNG 文件

PNG 格式是一种可以存储透明背景的图片格式，图层中灰白相间的方格表示该区域没有像素，是透明的，如图 K1.1.1－7 所示。

图 K1.1.1－7

4. 打开 GIF 文件

Photoshop 中还可以打开动态 GIF 格式图片。想要查看 GIF 图片的动态效果，可以选择【窗口】菜单→【时间轴】，单击时间轴面板上的播放按钮即可查看动态效果。如图 K1.1.1－8 所示。

图 K1.1.1－8

5. 打开 RAW 文件

Photoshop 还可以打开 RAW 格式图片。RAW 格式是相机的原始数据格式，可以最大程度保留图像的数据。在 Photoshop 中打开 RAW 格式图片，会先进入 Camera Raw 界面，在此可以先对图片进行简单的处理，然后单击"打开图像"按钮，即可在 Photoshop 中打开这张图片，如图 K1.1.1－9所示。

图 K1.1.1－9

## 二、查看文件

### （一）缩放工具

使用工具箱中的【缩放工具】 🔍 可以查看图片的细节。

放大：选择【缩放工具】，当鼠标指针出现加号时在画布上想放大的地方单击。

缩小：选择【缩放工具】并按住"Alt"键，当鼠标指针出现减号时在画布上想缩小的地方单击。

【缩放工具】选项栏中的"100％"可以使图片按照 1∶1 的原始大小显示。"适合屏幕"是将当前窗口缩放为屏幕大小，快捷键为"Ctrl＋O"。

### （二）抓手工具

图片放大后，可以使用【抓手工具】 ✋ 查看图片其他区域。单击"抓手工具"按钮，即可使用抓手工具拖拽图片，改变图片在屏幕上显示的位置。

### （三）移动工具

选中图层后，使用【移动工具】 ✛ 即可对图层内容进行移动。

在使用移动工具的情况下，按住"Shift"键可以垂直、水平移动对象，较高版本的 Photoshop 加入了智能参考线功能，智能参考线可以更多地辅助对象之间的对齐和排列。

按住"Alt"键移动对象可以复制对象，注意被复制的对象必须是有图层的，也可以说是复制图层。

## 三、保存文件

保存文件的操作是执行【文件】菜单→【存储】命令或按快捷键"Ctrl＋S"。

执行【文件】菜单→【存储为】命令可以设置文件名称、保存位置和格式等。保存文件时，需要养成良好的文件命名习惯，根据文件的内容或主题命名，这样便于对文件进行整理。

如果需要保存带图层的文件，可以将文件的保存类型设置为 PSD；如果需要保存图片的透明背景，可以将文件的保存类型设置为 PNG；如果只需要将文件存储为普通的位图，可以将文件的保存类型设置为 JPG。

## 四、新建文件

在进行平面设计时，我们往往需要根据任务需求来新建文件。新建文件的方法是：执行【文件】菜单→【新建】命令，在弹出的对话框中，设置文件的名称和参数等，如图 K1.1.1－10 所示。

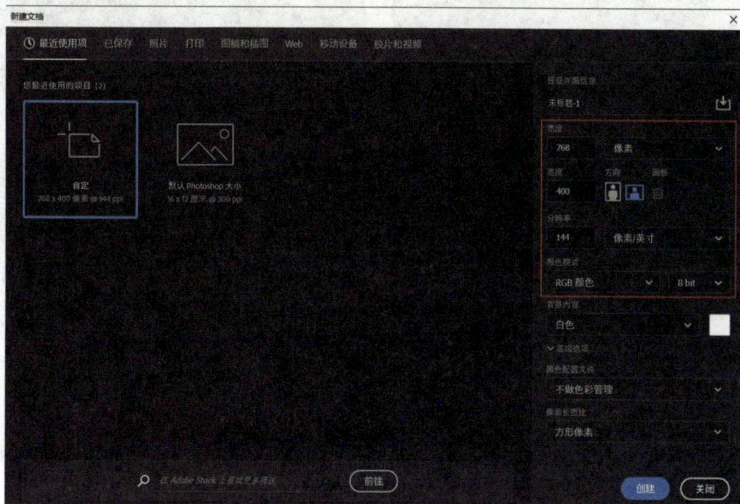

图 K1.1.1－10

（一）设置文件的宽度和高度

使用在屏幕上的作品设置为像素，使用在印刷品上的作品设置为毫米、厘米等长度单位。

设置文件的分辨率前，需要先理解分辨率的概念。分辨率的单位是像素/英寸。打开一张位图图片，使用缩放工具对图像进行放大，当图像越来越大时，可以看到画面中出现了很多格子，这些格子就是像素，位图就是由很多个这样的格子组成的。分辨率指的就是在同等面积的图片里有多少个这样的格子。

（二）设置文件的分辨率

相同尺寸下，分辨率越大，图片越清晰，但是文件大小也越大

使用在印刷品上的作品一般设置为 300 ppi，使用在屏幕上的作品一般设置为 72 ppi，但是大尺幅的印刷品作品不能盲目设置为 300 ppi。

（三）设置颜色模式

使用在屏幕上的作品选择 RGB 模式，使用在印刷品上的作品选择 CMYK 模式，不确定用途时，先设置为 RGB 模式。

另外，在"新建文件"对话框中还有很多系统预置的文件尺寸参数，如常用的照片尺寸、打印用纸尺寸、常用的移动设备尺寸、常用的视频尺寸等，可以根据自己的需求来选择这些预设，以更便捷地新建文件。

**五、图像恢复**

在操作的过程中，如果出现失误，可以按快捷键"Ctrl＋Z"撤销前一步操作。在【编辑】菜单中还有【重做】、【切换最终状态】等相关命令。

如果需要修改的步骤较多，可以使用【历史记录】面板撤回步骤。使用【历史记录】面板可以较准确地撤销操作步骤，还可以快速将文件恢复到打开的状态，如图 K1.1.1－11 所示；在【历史记录】面板中，还可以创建快照。创建快照可以将作品创建出不同的版本来对照效果，如图 K1.1.1－12 所示：

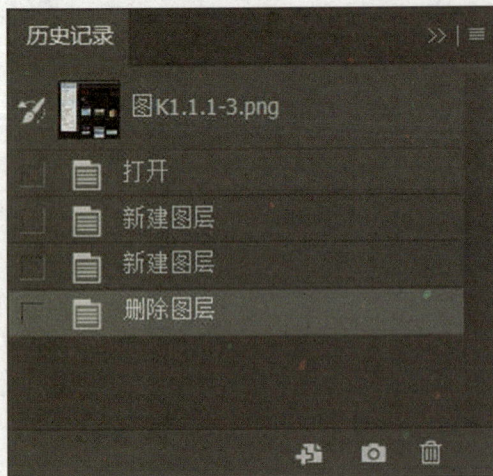 

图 K1.1.1－11　　　　　　　　　　　　　图 K1.1.1－12

## K1.1.2　环境设置

使用 Photoshop 进行平面设计之前还需要对软件的使用环境进行设置，具体的设置方法是选择【编辑】菜单→【首选项】命令进行调整。

（一）性能

选择【首选项】→【性能】中的【内存使用情况】，可以调整系统分配给 Photoshop 的内存量，以提高 Photoshop 软件的运行速度；通过改变"历史记录状态"可以调整"历史记录"面板中所能保留的历史记录状态的最大数量，如图所示。

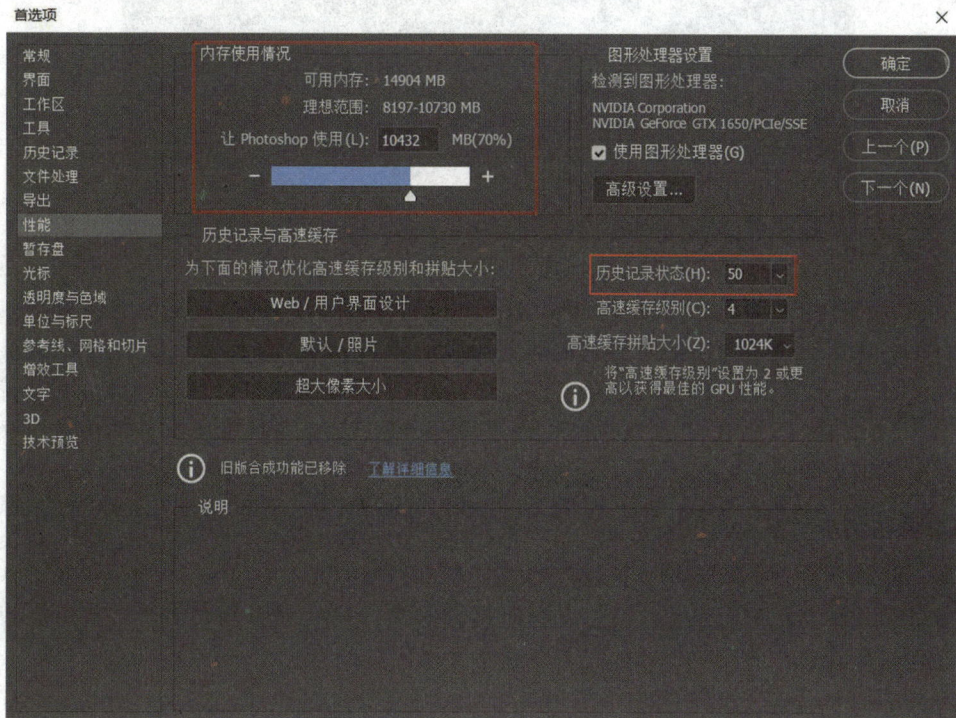

（二）暂存盘

选择【首选项】→【暂存盘】，可以调整 Photoshop 软件的存储空间。当 Photoshop 用完内存时，它会使用暂存盘作为虚拟内存来装载图片。对于超过计算机内存空余空间的大尺寸图片来说，更大的暂存盘是必须的。默认情况下，Photoshop 将启动盘作为第一个暂存盘。Photoshop 可以有多个暂存盘，最好将整个硬盘作为 Photoshop 的暂存盘。

（三）单位与标尺

选择【首选项】→【单位与标尺】，可以设置标尺的单位为厘米或毫米（默认为像素），可以配合标尺设置文件的"出血位"，这在印刷品设计中是非常重要的基础设置。

# K1.1.3　更改图像尺寸

更改图像尺寸

## 一、更改图像大小

在日常生活中，经常需要将拍摄好的照片更改为一寸照片，这样的话就需要缩小照片的尺寸；在工作场景中，不同的平台对同一作品会有不同的尺寸要求，这时也需要更改图像大小。

更改图像大小的方法是选择【图像】菜单→【图像大小】命令，打开"图像大小"对话框，在对话框中更改宽度和高度的数值。如图 K1.1.3－1 所示。

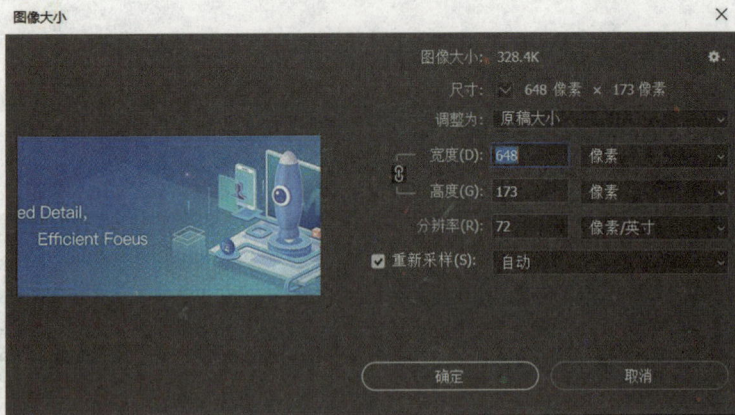

图 K1.1.3-1

在"宽度"和"高度"的左侧有一个锁链按钮，用于锁定长宽比，一般情况下要将其选中，避免图片拉伸变形。对于分辨率的设置，用于屏幕显示的图像一般设置为 72 像素/英寸，用于印刷品的图像一般设置为 300 像素/英寸。在对话框中还有"重新采样"一栏，这个选项可以根据图片处理情况与图片特点进行设置，一般情况下设置为"自动"即可。更改图像大小，实际上是更改图像的像素，像素的修改是不可逆的，因此更改图像大小前，最好先存储一个副本。

### 二、更改画布大小

画布就像一张画纸，是 Photoshop 中进行图像创作的区域。工作区显示的就是画布的大小，操作时可以根据需求对画布大小进行调整。新建文档时设置的文件尺寸就是画布大小，有时在设置画布大小时无法准确判断作品最终的尺寸，因此需要对画布大小进行调整。

更改画布大小的方法是选择【图像】菜单→【画布大小】命令，打开"画布大小"对话框，在对话框中调整画布的宽度和高度。如图 K1.1.3-2 所示，

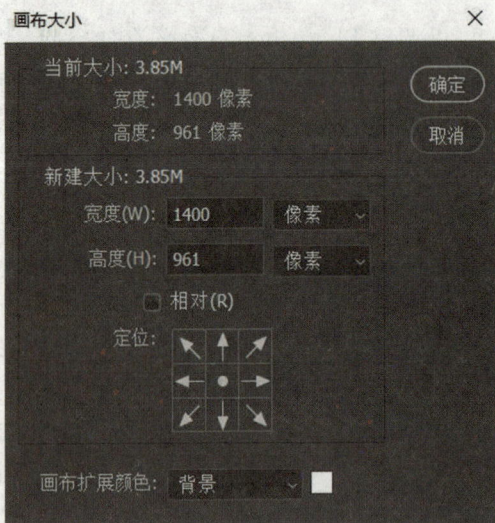

图 K1.1.3-2

案例 1：一个网页，它的原始高度是 961 像素，在"画布大小"对话框中调整高度值为 1261 像素后，我们可以看到网页的高度在上下两个方向都增加了。如图 K1.1.3-3 所示。

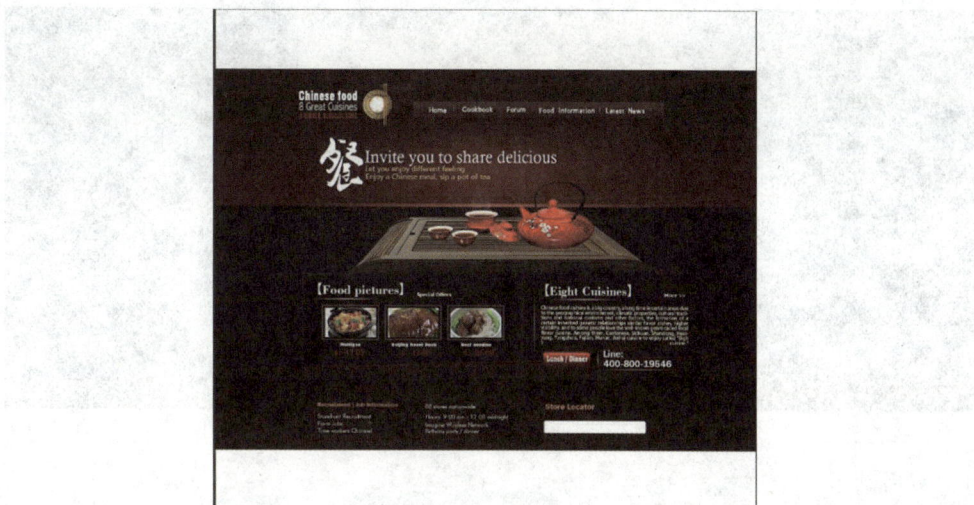

图 K1.1.3－3

那么如何让画布大小向一个方向调整呢？我们可以在"定位"选项中点选"向上"的箭头，使画布大小只向下进行调整。同时，在改变画布大小时，如果我们不想自己计算，可以先勾选"相对"选项，然后只需要填写需要增加的数值即可。如图 K1.1.3－4 所示。

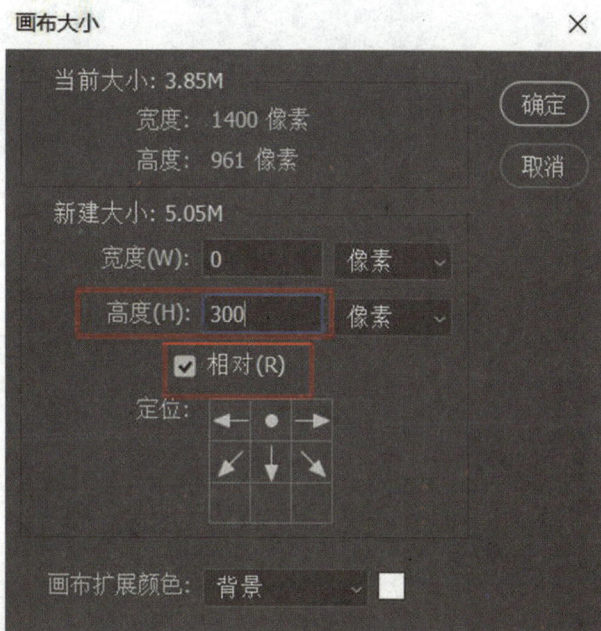

图 K1.1.3－4

### 三、裁剪工具

【裁剪工具】  位于工具面板，它可以裁切或扩展图像的边缘。选择裁剪工具后，画布上会出现8个控点，拖拽这些控点可以对画布进行裁剪，裁剪框中的颜色较鲜艳的部分就是要保留的部分。如图 K1.1.3－5 所示。

图 K1.1.3－5

（一）自由裁剪画布

在使用裁剪工具时，可以在属性栏上选择按比例裁剪的选项，例如要将图片裁剪成方形，可以选择"1∶1（方形）"选项。裁剪框中会显示参考线，系统默认显示三等分参考线，在属性栏中可以根据需求选择其他的参考线，如图 K1.1.3－6 所示。

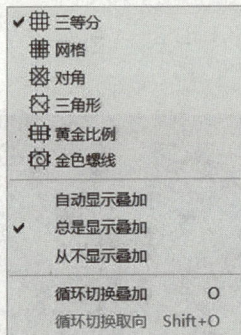

图 K1.1.3－6

裁剪工具的属性栏中有"删除裁剪的像素"选项，如果勾选这个选项，裁剪的像素将被删除，再次裁剪时无法重新对原图像素进行操作，因此建议不勾选该选项。确认裁剪效果后按回车键或单击裁切属性栏中的"提交当前裁剪操作"按钮即可完成操作。

（二）构图

灵活运用裁剪工具可以帮助构图。如利用三分构图法将主体对象放到参考线的交点处，这样裁剪出来的构图一般是比较好看的。如图 K1.1.3－7 所示。

图 K1.1.3－7

例如，想要创作一幅篮球比赛的海报，找到如图 K1.1.3－8 所示的素材，如果使用整个篮球，画面就会显得比较普通。为此，使用裁剪工具，选中篮球的局部，通过篮球的局部来体现主题。构图完成后加上文字和图形，即可实现如图 K1.1.3−9 所示的效果。

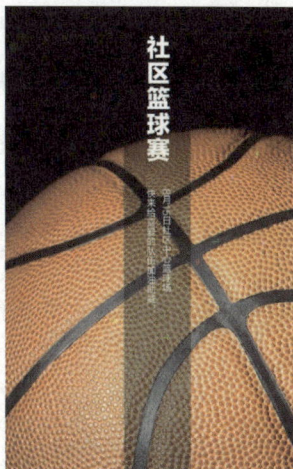

图 K1.1.3−8　　　　　　　　　图 K1.1.3−9

(三)拉直

　　出去旅游拍照片的时候容易不小心把照片拍歪，在 Photoshop 中使用【裁剪工具】中的【拉直】可以让照片"变废为宝"。

　　在选择裁剪工具的状态下，在属性栏中可以找到【拉直】，单击后，在画面上画出水平参考线，系统就会根据画出的参考线对图片进行拉直。如图 K1.1.3−10 所示。

图 K1.1.3−10

　　在拉直的过程中，系统会默认裁剪一些图片的边角。如果在拉直的过程中不想损失像素，可以在属性栏上勾选"内容识别"选项。勾选该选项后，系统将根据图像自动识别缺失的像素。拉直的功能不仅可以进行水平方向的拉直，也可以进行垂直方向的拉直。如图 K1.1.3−11、图 K1.1.3−12 所示。

图 K1.1.3−11　　　　图 K1.1.3−12

# K1.1.4　图像变换

利用【变换】和【自由变换】命令可以对整个图层、图层中选中的部分区域、多个图层、图层蒙版、路径、矢量图像、选择范围和 Alpha 通道进行缩放、旋转、扭曲和变形等操作。

当一张图片被拖入画布后，通常需要将其缩放至合适的大小。使用透视、变形等功能，还可以让图片与画面自然融合。在实际应用中，常选用自由变换功能。如平面设计师会使用自由变换将作品放到样机中展示给客户；商业摄影师也需要用到自由变换功能修饰人像和产品。

## 一、缩放

（一）使用方法

缩放对象可以通过【编辑】菜单中【自由变换】来实现，快捷键是"Ctrl＋T"，也可以通过【编辑】菜单中的【变换】二级菜单中的【缩放】来实现。选中需要缩放对象的图层，使用快捷键"Ctrl＋T"即可让该图层进入自由变换状态。

（二）等比例缩放

进入自由变换状态后，拖拽 8 个控点的位置即可将对象等比例放大、缩小。注意，在 Photoshop CC 2019 以前的版本中，需要按住"Shift"键再拖拽控点，才能实现对象的等比例放大、缩小。而在 Photoshop CC 2019 及以后的版本中，按住"Shift"键再拖拽控点可将对象进行不等比例的放大、缩小。

（三）属性栏相关参数

自由变换对象的过程中，如果操作出现失误，可以按"Esc"键退出；如果满意调整结果，可以按"回车"键或单击属性栏上的 ✓ 确定变换效果。属性栏中的"保持长宽比"选项可以在缩放的过程中保持长度与宽度等比例放大或缩小。在属性栏相关位置键入数值可以直接设置水平或垂直的缩放比例。

（四）中心等比例缩放

如果想让对象基于图像中心进行放大、缩小，可以按住"Alt"键再拖拽控点。Photoshop CC 2019 以前的版本需要按住"Shift＋Alt"键进行基于对象中心的缩放。

（五）智能对象

每一次使用自由变换都会改变图像的像素，图像清晰度经过多次自由变换后会下降，这个时候可以将需要进行多次自由变换的图层转换为智能对象。智能对象相当于图片的保护壳，可以将图像的像素保护起来，即使对智能对象进行多次自由变换，其清晰度也不会下降。

需要注意的是，图层转化为智能对象后，无法使用画笔等工具直接对像素进行编辑。如果想要对智能对象图层进行编辑，需要选中智能对象图层，单击鼠标右键，在弹出的菜单中选择"栅格化图层"选项，这样图层就能转换为普通的像素图层了。

（六）案例 1：缩放

利用自由变换的缩放功能可以将风景照片放到相框中，查看其展示效果。

首先打开风景画图片，选中移动工具，将其拖动复制到相框素材中。然后选中风景画图层，按快捷键"Ctrl＋T"对其进行缩放，放大到合适的尺寸并调整位置后，按"回车"键。如图 K1.1.4－1 所示。

图 K1.1.4－1

## 二、旋转

旋转也是一种比较常用的图像变换方法。

（一）使用方法

在自由变换的状态下，将鼠标光标移至4个角的控点外侧时，鼠标光标将变为带弧度的箭头，这时可以对对象进行旋转，也可以选择【编辑】菜单中的【变换】二级菜单中的【旋转】选项进行旋转。在进行旋转操作过程中，按住"Shift"键将以15°为单位进行旋转，也可以在属性栏中直接设置旋转角度。

（二）设置旋转角度

使用自由变换时，在对象上单击鼠标右键，可在弹出的菜单中选择"扭曲、变形、旋转180度、顺时针旋转90度、逆时针旋转90度、水平翻转、垂直翻转"等操作。

（三）切换参考点

默认情况下，是以旋转对象的几何中心进行旋转的。如果想要改变旋转对象的几何中心，可以选择属性栏中的"切换参考点"，将旋转对象原始的几何中心拖拽到想要的新位置。

（四）案例2：旋转效果

使用自由变换的旋转功能，在只有一个素材的情况下，也能做出不单调的画面。打开素材文件，选中苹果图层，使用移动工具，按"Alt"键复制一个苹果，然后将复制出来的苹果进行自由变换，调整其大小、角度、位置等。重复上述步骤，将复制出来的苹果分组错落摆放，然后调整其不透明度，让这些苹果看起来没有那么清晰，从而突出主体，最终完成效果如图 K1.1.4－2 所示。

图 K1.1.4－2

### 三、水平翻转和垂直翻转

(一)使用方法

在自由变换状态下,单击鼠标右键,在菜单中选择【水平翻转】或【垂直翻转】可以实现对对象的翻转。

(二)案例3:翻转效果

使用自由变换中的翻转功能,可以给对象制作倒影,以此增加质感。

打开素材文件,选中风景图层,使用移动工具,按住"Alt"键复制一个风景图层。按快捷键"Ctrl＋T"使复制出的风景图层进入自由变换状态,单击鼠标右键,在弹出的菜单中选择【垂直翻转】,并将翻转后的风景图调整到合适的位置。

此时效果不够自然,可在倒影图层添加图层蒙版,再使用渐变工具在画布的下部到中部增加一个(黑到白、实色到透明)渐变,对比倒影效果如图 K1.1.4—3 所示。

图 K1.1.4—3

### 四、扭曲

(一)使用方法

在自由变换状态下,单击鼠标右键,在菜单中选择【扭曲】或在自由变换状态下按住"Ctrl"键控制角点。

(二)用途

在将设计好的广告海报向客户展示时,往往需要进行模拟实地场景的贴图,这就需要运用扭曲来改变贴图的展示效果。

(三)案例4:扭曲效果

首先使用移动工具,将海报拖动复制到背景素材中,接着按快捷键"Ctrl＋T"进行缩放,将海报大致对准需要贴图的位置后,再按住"Ctrl"键并拖拽 4 个控点的位置。更改好扭曲后,按"回车"键,实地场景贴图的效果如图 K1.1.4—4 所示。

图 K1.1.4—4

### 五、变形

除了扭曲变换外，变形也是一种常用的贴图变换方法。

#### （一）使用方法

变形变换的使用方法可以通过在自由变换状态下单击鼠标右键，在菜单中选择【变形】来实现。

#### （二）用途

在实地场景贴图中，还有可能遇到带弧度的贴图位置，在这种情况下，就需要用到变形功能。

#### （三）案例 5：变形效果

首先打开雪原素材，使用移动工具将其移动复制到广告牌素材中，然后使用自由变换对其进行缩小，再按住"Ctrl"键拖拽 4 个角的控点对准广告牌的 4 个角。对准 4 个角以后，再单击鼠标右键，在弹出的菜单中选择【变形】，把图片的边缘向上拖拽，将其贴近带弧度的边。对下面的一条边也采用同样的操作。调整好位置后，按"回车"键，这样带弧度的场景贴图就完成了。如图 K1.1.4－5 所示。

图 K1.1.4－5

### 六、内容识别缩放

#### （一）使用方法

内容识别缩放的使用方法是先选中需要缩放的图层，然后选择【编辑】菜单中的【内容识别缩放】，接下来按住"Shift"键进行缩放拉伸。

#### （二）用途

如果想在延长背景的同时，保持图像主体物不变，就需要使用内容识别缩放。

#### （三）案例 6：内容识别缩放效果

在本案例中，如果想将图像运用在一张长图之中，只延长背景，而不改变人物的大小，怎么做呢？选中图层后，在【编辑】菜单中选择【内容识别缩放】，按住"Shift"键拖拽图片左边的控点，如即可得到图 K1.1.4－6 所示的效果。

图 K1.1.4—6

## 七、操控变形

（一）使用方法

选择图层面板中将要变形的图层，在【编辑】菜单中选择【操控变形】，变形对象将出现网格密布，通过在网格中添加图钉，并拖拽图钉可以实现操控变形。

（二）用途

操控变形功能提供了一种可视的网格，借助该网格，可以在随意扭曲特定图像区域的同时保持其他区域不变。

（三）案例 7：操控变形效果

使用鼠标在网格上单击，可以在网格上添加图钉，在所要控制变形对象的各个关节位置都打上图钉，是为了在变形某个位置的时候其他位置保持不变。如图 K1.1.4—7 所示。

将光标移至图像中左侧耳朵位置上的图钉，选择该图钉时将会在图钉中心位置出现黑色的圆点，向右上方拖拽图钉，点击属性栏上的 ✓ 即可完成控制变形。效果如图 K1.1.4—8 所示。

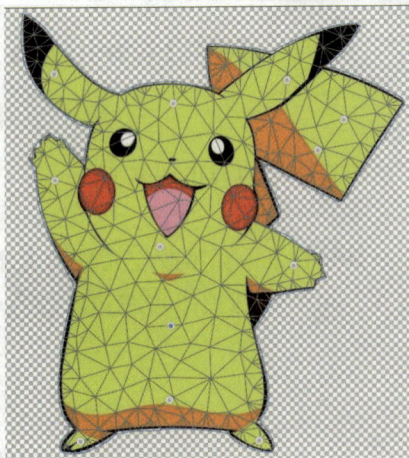

图 K1.1.4—7

图 K1.1.4—8

# K1.2 抠图技法

## K1.2.1 选区

选区

### 一、选区概述

#### (一)基本概念

在 Photoshop 中被选中的区域称为选区。创建选区后，选区的边缘就会出现闪烁的虚线，代表选区已经创建好了，选区的范围就是虚线包围的区域。如图 K1.2.1—1 所示。

选区是可以有透明度的，只有选择程度在 50％ 以上的像素才会通过浮动的选区表现出来。羽化命令就是基于这个原理工作的。如图 K1.2.1—2 所示。

图 K1.2.1—1

图 K1.2.1—2

#### (二)选区的作用

选区是 Photoshop 中进行精细化操作的重要功能，创建选区后可以控制操作区域、扣选图像、创建蒙版等。

##### 1. 控制操作区域示例

按住"Ctrl"键单击羽毛图层的缩略图，可以选中该图层的所有不透明的区域，选择移动工具，按住"Alt"键复制选区内容。注意：这里不是复制图层，而是复制选区中的内容，只占用一个图层。如图 K1.2.1—3 所示。

图 K1.2.1—3

2. 扣选图像示例

使用选区工具可以抠选人物图像，更改图像背景。如图 K1.2.1－4 所示。

图 K1.2.1－4

3. 创建蒙版示例

使用选区工具创建羽毛的选区，根据选区创建蒙版并进行颜色调整，如图 K1.2.1－5。

图 K1.2.1－5

（三）创建选区的工具

最常用的创建选区的工具都在工具面板中。其中，图形选区工具组包括矩形选框工具、椭圆选框工具等。

套索选区工具组包括套索工具、多边形套索工具、磁性套索工具。

快速选择工具组包括对象选择工具、快速选择工具和魔棒工具。

上述 3 个工具组是 Photoshop 中较常用的 3 个创建选区的工具组，此外，常用的创建选区的工具还有钢笔工具、色彩范围、通道等。创建选区的常用工具如图 K1.2.1－6 所示。

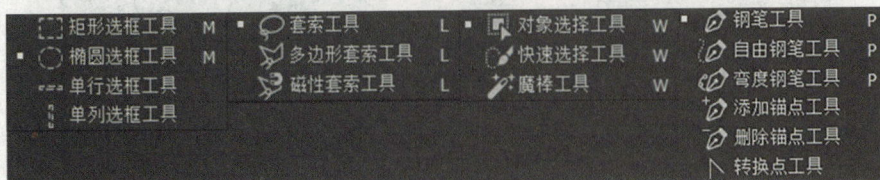

图 K1.2.1－6

### 二、选区的基本操作

在使用选区工具前，首先需要了解选区的基本操作，其中包括全选、反选、取消选择、移动选区、羽化和变换选区、修改选区、存储/载入选区等。

**（一）全选**

选区的大部分操作都能在【选择】菜单下找到。【选择】菜单的第一个命令是【全部】，快捷键是"Ctrl＋A"，这个命令可以全选整个画布的范围。

**（二）反选**

如果需要选择选区以外的范围，可以对选区进行反选。反选的方法是在选中选区的情况下，在选区内单击鼠标右键，在弹出的菜单中选择【反选】。

**（三）取消选择**

如果需要取消选择，按快捷键"Ctrl＋D"即可。因为在Photoshop中只能创建一个选区，所以在创建选区的情况下再次使用选区工具，原来创建的选区就会消失。

**（四）移动选区**

创建选区后，在选区范围内，按住鼠标左键即可对选区进行拖拽。

注意：移动选区时要选择【新选区】模式，否则无法移动选区。另外，移动选区时一定要在选中【选区工具】的状态下进行拖拽。如果选中【移动工具】进行拖拽，就会将选区内容进行剪切移动。如图K1.2.1－7所示。

图 K1.2.1－7

图 K1.2.1－8

**（五）羽化**

使用羽化功能可以让选区的边缘变柔和。对选区进行羽化的方法是先创建选区，然后单击鼠标右键，在弹出的菜单中选择【羽化】，打开"羽化选区"对话框，设置"羽化半径"的数值。效果如图K1.2.1－8所示。

**（六）变换选区**

在创建选区后，可以改变选区的形状。变换选区的具体方法是：先创建选区，然后单击鼠标右键，在弹出的菜单中选择【变换选区】，就可以对选区进行调整了。选区形状调整好后，按"回车"键即可完成变换选区。

变换选区与自由变换的区别：变换选区改变的是选区的形状，而自由变换改变的是选区内的像素。

**（七）修改选区**

【修改】是【选择】菜单中一个常被用到的命令，包括如下几种命令：

边界：依据设置的边界数值为选区添加边界，形成一个环。

平滑：对选区边缘进行平滑处理。

扩展：对选区边缘进行扩展处理。

收缩：对选区边缘进行收缩处理。

羽化：通过建立选区与选区周围像素之间的转换边界来模糊边缘。

（八）存储/载入选区

建立选区后，选择【选择】菜单中的【存储选区】，在弹出的对话框中设置选区名称，单击"确定"，就可以将选区保存下来。

选择【选择】菜单中的【载入选区】，在弹出的对话框中选择通道中保存过的选区，就可以载入之前保存的选区。

存储选区的本质是存储通道，可以在"通道"面板中找到保存的选区，如图 K1.2.1－9。

图 K1.2.1－9

### 三、选区的布尔运算

使用单一的选区工具一般难以选中形状复杂的物体或区域，可以通过选区的布尔运算，实现多种选区工具的相互配合，用简单的选区工具创建出精准、复杂的选区。

选择【矩形选框工具】等创建选区的工具后，在属性栏中就能找到实现选区布尔运算的 3 个操作按钮——【添加到选区】、【从选区减去】和【与选区交叉】。

在已创建选区的情况下，按住"Shift"键或选择【添加到选区】可添加选区，按住"Alt"键或选择【从选区减去】可删减选区，按住"Shift＋Alt"键或选中【与选区交叉】可选中两个选区交叉的区域。

## K1.2.2　抠图——基础技法

抠图——基础技法

### 一、形状选区工具组

使用形状选框工具组中的工具可以快速创建形状选区，其中最常用的是矩形选框工具和椭圆形选框工具。下面将详细讲解矩形选框工具和椭圆选框工具的用法和实际操作案例。

（一）适用范围

矩形选框工具或椭圆形选框工具主要用来选择矩形或椭圆形的物体或区域。

（二）使用方法

选中矩形选框工具或椭圆形选框工具后直接在画面上拖拽鼠标光标，即可绘制矩形或椭圆形选区。按住"Shift"键并拖拽鼠标光标，可以绘制正方形或圆形的选区。按住"Shift＋Alt"键并拖拽鼠标光标，可以形成以鼠标的落点为中心的正方形或圆形的选区。

（三）案例 1：矩形选框工具抠图

下面使用【矩形选框工具】将人物图片融入画框中。操作要点是，使用【移动工具】将人物图片拖拽到画框图片中，用【矩形选框工具】选中画框的区域，再用【反选】选中画框以外的区域，将画框以外的区域删除。如图 K1.2.2－1 所示。

图 K1.2.2－1

（四）案例 2：椭圆选框工具抠图

下面使用【椭圆选框工具】将月亮融入环保宣传海报中。操作要点是，使用【椭圆形选框工具】按住"Shift"键创建圆形选区框选中月亮，再使用【移动工具】将月亮拖拽到背景图中，调整其位置。如图 K1.2.2－2 所示。

图 K1.2.2－2

## 二、对象选择工具

（一）适用范围

对象选择工具是 Photoshop 2020 版本引入的新功能，使用该工具选择对象的大致区域后，系统将自动分析图片的内容，从而实现快速选择图片中的一个或多个对象。

（二）使用方法

对象选择工具有两种选择模式，分别是矩形和套索。使用对象选择工具时，先选择想要选中的对象的大致范围，然后使用选区的布尔运算增加或删减选区，这样可以比较精准地选中对象。

对象选择工具、快速选择工具和魔棒工具都属于快速选择工具组，选中这 3 款工具时，属性栏上会出现"选择主体"按钮。单击"选择主体"按钮后，系统将自动分析画面的主体，然后选中主体的区域。对于一些主体非常明确的图片，使用这个功能可以快速选中主体对象。

（三）案例 3：对象选择工具抠图

打开素材文件，选择【对象选择工具】，选择模式设置为"矩形"，在主体图像的区域建立选框，系统将自动选择龙猫。如图 K1.2.2－3 所示。

图 K1.2.2－3

### 三、快速选择工具

（一）适用范围

快速选择工具通常用于选择边缘比较清晰的对象，可以轻松做到精准选择。

（二）使用方法

快速选择工具的用法与画笔工具类似，选中快速选择工具后在想要选中的对象上涂抹，系统就会根据涂抹区域的对象自动创建选区。

对于对象边缘的细节，可以缩小画笔来选择。快速选择工具调整画笔大小的快捷键与画笔一样，为中括号键，按左中括号键可以缩小画笔，按右中括号键可以放大画笔。

（三）案例 4：快速选择工具抠图

打开素材文件，选择【快速选择工具】，在属性栏中调整好画笔的大小，在花朵上进行单击，系统会自动创建选区，调整画笔大小和布尔运算的模式，选择对象边缘的细节，直至抠选出整个花朵。如图 K1.2.2－4 所示。

图 K1.2.2－4

### 四、魔棒工具

#### (一)适用范围

魔棒工具是基于图像中像素的颜色近似程度来创建选区的。

#### (二)使用方法

使用【魔棒工具】单击图片中需要选择的区域,系统将自动根据单击点的颜色选择画面中颜色相近的连续区域。

如果需要选择画面中所有与选中区域颜色相近似的区域,需要在工具属性栏上取消勾选"连续"选项。在涉及对多个图层取样时,需要勾选属性栏上的"对所有图层取样"选项。属性栏上的"容差"指的是选择颜色区域时,系统可以接受颜色范围的大小。设置的容差越大,系统创建选区时选择的颜色范围越大。基于这个原理,使用魔棒工具时,需要根据想要的颜色的精准度来设置容差。

#### (三)案例5:魔棒工具抠图

打开素材文件,选择【魔棒工具】,属性栏中选择"添加到选区"模式并勾选"连续"选项,在画面的背景适当区域单击,系统将自动建立选区,通过【缩放工具】和【魔棒工具】细化选区,在蔬菜图层上单击鼠标右键,选择【栅格化图层】,按"Delete"键删除选区,完成抠图。如图 K1.2.2-5 所示。

图 K1.2.2-5

### 五、色彩范围

#### (一)适用范围

色彩范围的工作原理与魔棒工具类似,也是根据颜色建立选区。

#### (二)使用方法

选择【选择】菜单中的【色彩范围】,即可打开"色彩范围"对话框。打开"色彩范围"对话框后,会在对话框中看到一个黑色的图像预视区,当鼠标移进这个预视区时,光标便会变成一个吸管形式,用这个吸管在预视区内任意处单击,这一部分便会变为白色,而其余的部分仍然保持黑色不变,按住"Shift"键或"Alt"键再次在画布上单击,可以放大或缩小选择的颜色范围。单击"确定"按钮,预视区中的白色部分便会转化为相应的选择区域。

预视区中白色表示全部选中的区域,黑色表示没有选中的区域,中间各调表示部分被选中的区域。"颜色容差"与【魔棒工具】的"容差"选项类似,数值越高,可选的范围就越大。

#### (三)案例6:色彩范围抠图

打开素材文件,选择【选择】菜单中的【色彩范围】,打开"色彩范围"对话框,"颜色容差"设置为"90",在画布非电扇的适当位置单击,理想的情况是待抠图的对象与背景呈现黑白分明的状态,如果不理想可以尝试更改"颜色容差"的数值或在其他背景位置单击,完成后按"确定"按钮退出"色彩范围"对话框回到工作区,删除背景像素即可完成抠图。如图 K1.2.2-6 所示。

图 K1.2.2－6

## 六、套索工具

（一）适用范围

在实际工作中存在不需要精准选中对象的情况，有的操作只需要粗略选中对象即可，这种情况，可以使用工具面板中的【套索工具】来创建选区。

（二）使用方法

按住鼠标进行拖拽，随着鼠标的移动可形成任意形状的选择范围，松开鼠标后就会自动形成封闭的浮动选区。

（三）案例 7：套索工具抠图

选择工具面板中的【套索工具】，按住鼠标左键拖拽绘制火团的区域即可创建选区。选中【移动工具】将其移动复制到人物的手中。双击火团图层，打开"图层样式"对话框，调整"混合颜色带"区域的参数，让火周围的黑色消失。"混合颜色带"功能主要用来调整图像中亮调、中间调和暗调，左边角标调整的是暗部区域，右边角标调整的是亮部区域。按住"Alt"键可以将角标分离，增加羽化效果，使黑色的边缘变柔和。如图 K1.2.2－7 所示。

图 K1.2.2－7

### 七、多边形套索工具

（一）适用范围

多用于选择一些边缘锐利的区域或对象。

（二）使用方法

单击鼠标形成直线的起点，移动鼠标拖出直线，再次单击鼠标，两个击点之间就会形成直线，依次类推。当终点和起点重合时，工具图标的右下角有圆圈出现，单击鼠标就可形成完整的选区。

（三）案例 8：多边形套索工具抠图

本案例需要把天空背景换成星空。使用【移动工具】将星空的素材复制到建筑素材中，进行【自由变换】，调整好图片的大小和位置。选择天空的素材图层，将其隐藏。接着使用多边形套索工具，沿着建筑的边缘绘制选区，绘制好选区后，再把星空素材显示出来。【反选】选区，把建筑区域上的天空部分删除，取消选区。如图 K1.2.2-8 所示。

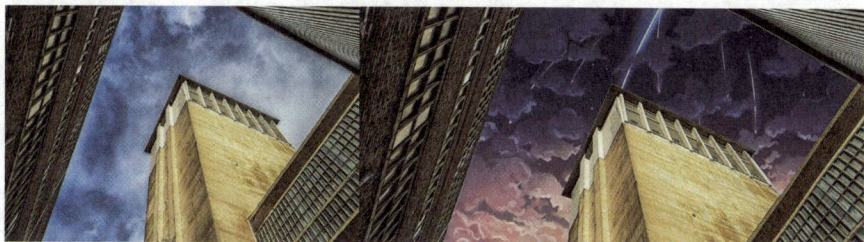

图 K1.2.2-8

## K1.2.3　抠图——高级技法

前期学习的基础抠图技法能够满足常规抠图的需要，但对一些造型复杂的对象、有毛发的对象进行抠图的时候就显得捉襟见肘，Photoshop 中的钢笔工具、选择并遮住功能能为抠选复杂图像提供了强有力的支持。

### 一、钢笔工具

如果要选取的图像形状不规则，颜色差异又大，用前面的几种方法都不能得到想要的选区时，可以借助工具箱中的钢笔工具来描出路径，然后将路径转换成选区进行抠图。

（一）钢笔工具简介

钢笔工具是一个非常灵活的工具，使用钢笔工具可以绘制形状、路径，以及建立选区。钢笔工具位于工具面板中，形如钢笔头一样的按钮，单击该按钮即可使用钢笔工具。使用钢笔工具可以绘制直线、曲线等多种路径。

（二）路径与选区的关系

路径与选区可以互相转化，可以通过编辑路径来更加灵活地编辑选区。

（三）绘制直线路径

(1)在钢笔工具的属性栏中选择"路径"模式，使用【钢笔工具】在画布上单击创建出第一个锚点，再单击创建出第二个锚点，两个锚点之间连接成一条直线路径。如图 K1.2.3-1。

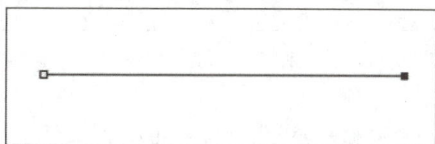

图 K1.2.3-1

（2）按"Shift"键可生成水平线、垂直线或为45°倍数角度的直线路径。

（四）绘制封闭路径

（1）单击创建多个锚点，在鼠标光标靠近起始锚点时，鼠标光标旁会出现一个小圆圈，此时单击即可形成一个闭合的路径。在路径被选中的情况下，按快捷键"Ctrl＋回车"，可把路径转换为选区。如图 K1.2.3－2 所示。

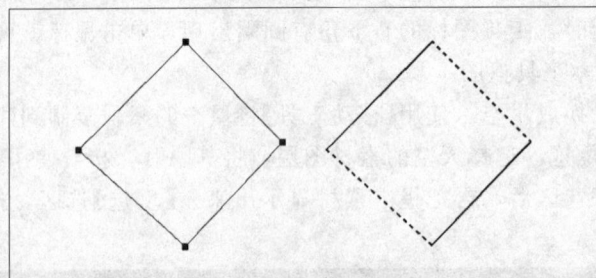

图 K1.2.3－2

（2）要结束一条开放的路径，可按住"Ctrl"键并单击路径以外的任意处。

（五）绘制普通曲线路径

使用【钢笔工具】在画布上单击创建出第一个锚点，移动鼠标指针到另外的位置，再按住并拖动鼠标（此时将出现一条方向线）形成普通的曲线路径。如图 K1.2.3－3 所示。

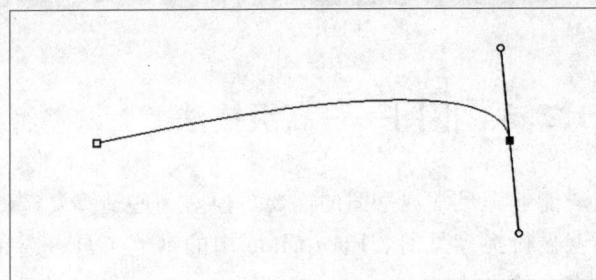

图 K1.2.3－3

（六）绘制拱形曲线路径

使用【钢笔工具】按住并拖动鼠标（而不是像绘制直线那样单击鼠标），此时会出现一条方向线，起始方向线与要绘制的拱形曲线弧度方向相同，释放鼠标键可形成第一个曲线锚点，将鼠标指针移动到另外的位置，按下鼠标并沿相反的方向拖动，即可得到拱形曲线路径。如图 K1.2.3－4 所示。

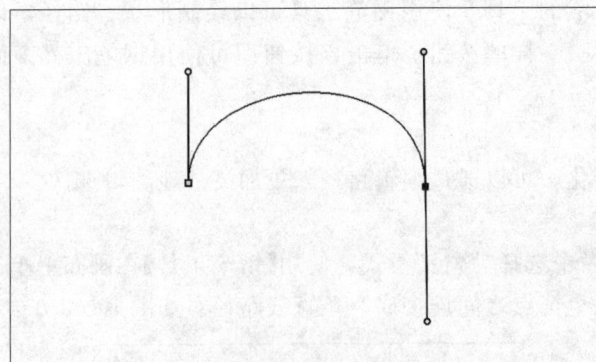

图 K1.2.3－4

（七）绘制 S 形曲线路径

绘制完成拱形曲线路径后，继续沿着与最后一个曲线锚点方向线相反的方向拖动鼠标即可得到 S 形曲线路径。如图 K1.2.3－5 所示。

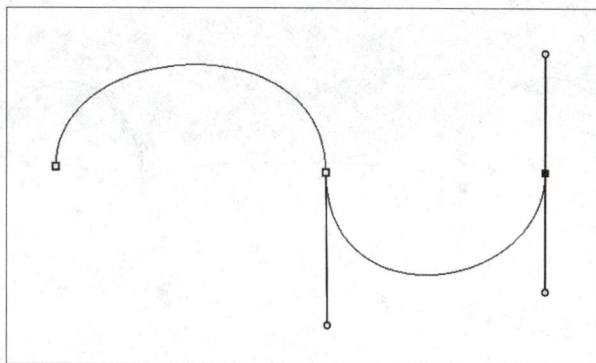

图 K1.2.3－5

（八）绘制连续拱形曲线路径

绘制完成第一个拱形曲线路径后，选择【转换点工具】或按住"Alt"键将最后一个曲线锚点的方向线拖动到相反的方向，然后沿着与最后一个曲线锚点方向线相反的方向拖动鼠标即可得到连续拱形曲线路径。如图 K1.2.3－6、图 K1.2.3－7、图 K1.2.3－8 所示。

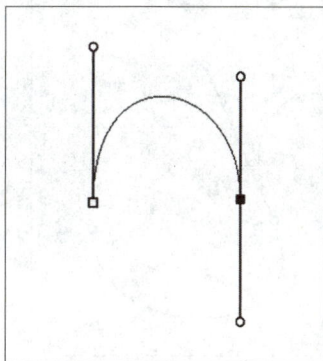 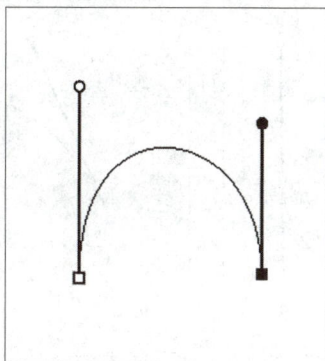 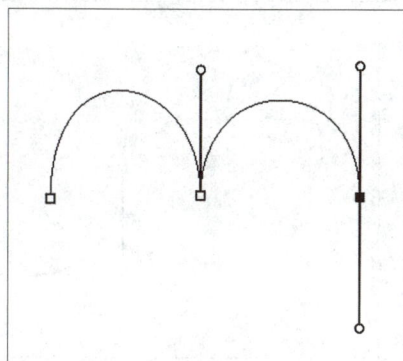

图 K1.2.3－6　　　　图 K1.2.3－7　　　　图 K1.2.3－8

（九）添加删除锚点

1. 添加锚点

添加锚点可以更好地控制路径的形状。使用【钢笔工具】在非锚点的路径上单击可以添加锚点，使用【添加锚点工具】在非锚点的路径上单击也可以添加锚点。如图 K1.2.3－9 所示。

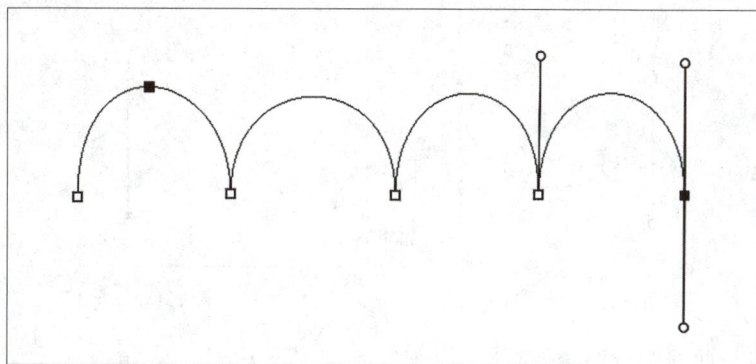

图 K1.2.3－9

2. 删除锚点

删除锚点可以改变路径的形状或简化路径。使用【钢笔工具】在非第一或最后锚点上单击可以删除该锚点，使用【删除锚点工具】在任意锚点上单击也可以删除该锚点。如图 K1.2.3－10 所示。

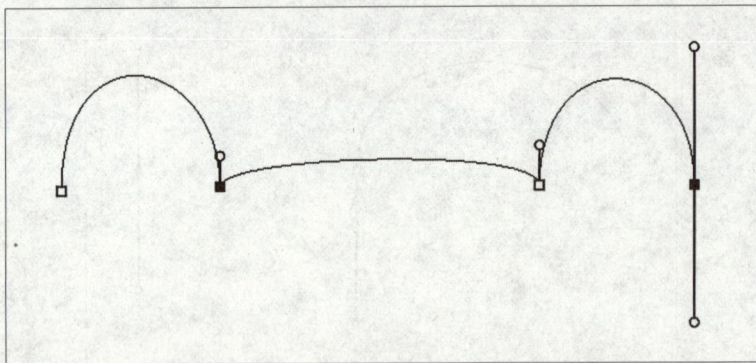

图 K1.2.3—10

**(十)调整路径**

选中【钢笔工具】的同时按住"Ctrl"键，这样可切换到箭头状的【直接选择工具】，选中路径片段或锚点后可直接进行路径的调整。原始路径如图 K1.2.3—11 所示，调整路径片段后的效果如图 K1.2.3—12 所示。

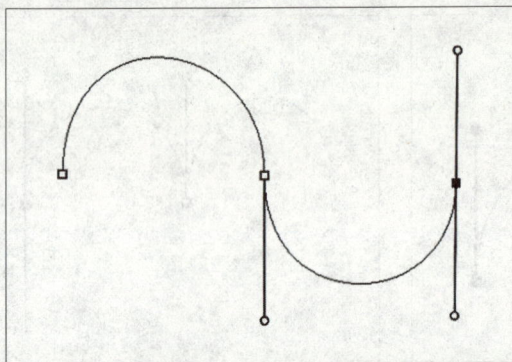

图 K1.2.3—11

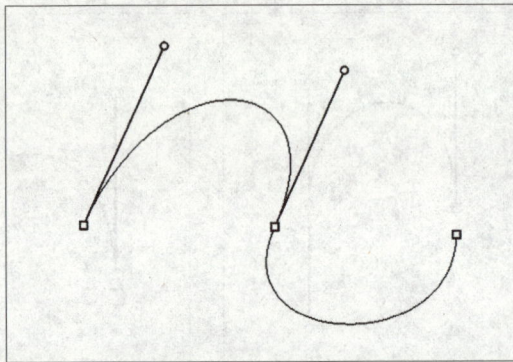

图 K1.2.3—12

选中【钢笔工具】的同时按住"Alt"键，可切换为【转换点工具】，选中方向线上的方向点可以调整曲线的弧度。原始路径如图 K1.2.3—13 所示，调整路径片段后的效果如图 K1.2.3—14 所示。

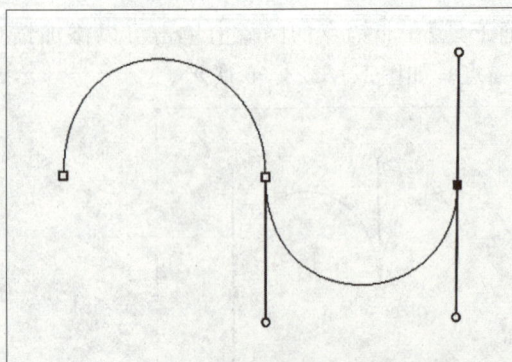

图 K1.2.3—13

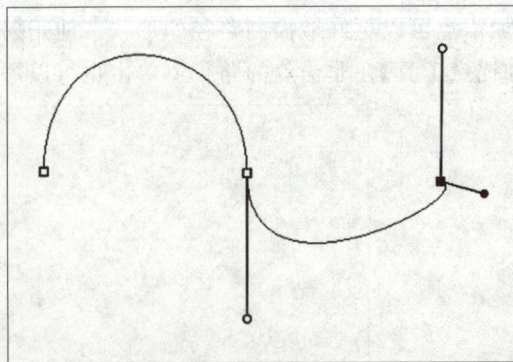

图 K1.2.3—14

**(十一)绘制直线与曲线结合路径**

绘制拱形曲线，如图 K1.2.3—15 所示；选中【钢笔工具】的同时按住"Alt"键切换为【转换点工具】，单击曲线结尾锚点删除方向线(将曲线锚点转换为直线锚点)，如图 K1.2.3—16 所示；单击绘制直线，如图 K1.2.3—17 所示；选中【钢笔工具】的同时按住"Alt"键切换为【转换点工具】，拖动直线结尾锚点向想要绘制曲线的弧度方向拖动出方向线，如图 K1.2.3—18 所示；绘制拱形曲线，如图 K1.2.3—19

所示。

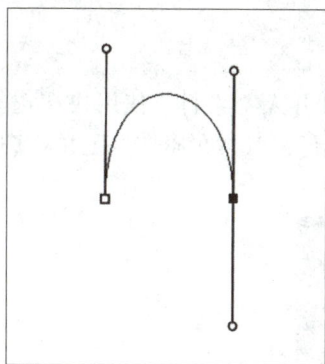

图 K1.2.3—15

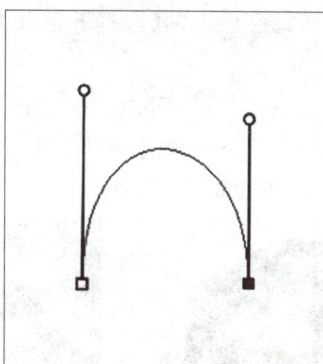

图 K1.2.3—16

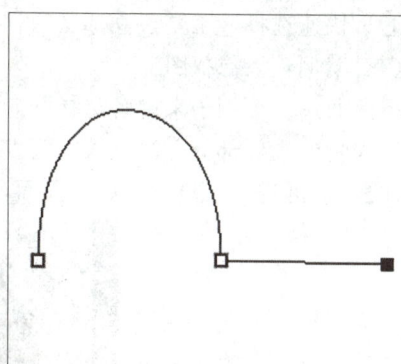

图 K1.2.3—17

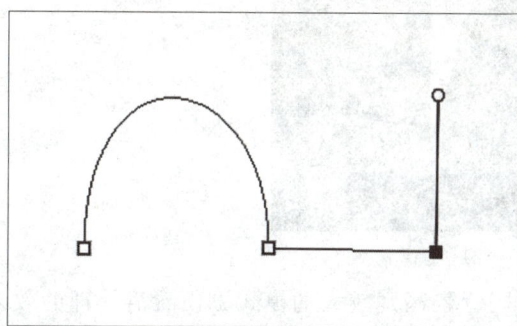

图 K1.2.3—18

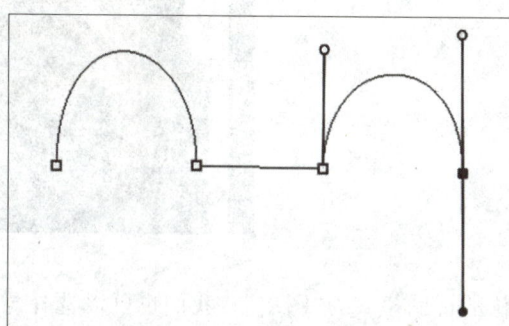

图 K1.2.3—19

注：选中【转换点工具】，单击曲线点可将曲线点的方向线收回，使之成为直线锚点；反之，将此工具放到直线锚点上，按住鼠标并进行拖拽，即可拖拽出方向线，也就是将直线点变成了曲线点。

（十二）案例：香水瓶抠图

下面通过一个案例来讲解钢笔工具抠图的实际操作。制作的素材有香水瓶素材图片和背景图片。使用【钢笔工具】沿着香水瓶的边缘绘制闭合路径，按快捷键"Ctrl＋回车"将香水瓶轮廓的路径转换为选区，再按快捷键"Ctrl＋J"将香水瓶从背景图层复制到新图层。使用【移动工具】将抠选出来的香水瓶放到背景图片中，调整其位置，即可制作出有质感的香水展示图。如图 K1.2.3—20 所示。

图 K1.2.3—20

**二、选择并遮住**

（一）用途

多用于选择人或动物的毛发等边缘细节复杂的对象。

（二）使用方法

通过快速选择等工具建立选区后，选择属性栏中的【选择并遮住】。

（三）案例：人像抠图

下面通过一个例子来讲解选择并遮住功能抠图的实际运用方法。打开人物素材，使用快速选择工具选中人物的主体部分。注意人物头发边缘与背景有融合的部分不要进行选取。在属性栏上单击【选择并遮住】，即可进入"选择并遮住"界面，如图 K1.2.3－21 所示。

图 K1.2.3－21

默认的视图模式为"图层"，我们也可以选择与原图背景区别较大的模式方便看清处理的效果。默认的调整模式是"颜色识别"，它是简单或对比鲜明背景的最佳选择；如果抠选复杂背景下头发或毛皮可以选择"对象识别"调整模式。

选择工具栏中的【调整边缘画笔】工具，用法与画笔类似，在需要调整的边缘涂抹即可。先沿着人物的外侧边缘进行涂抹以去除人物边缘的锯齿，注意不要进入人物主体的内部，否则会出现失色的现象；然后沿着人物头发的走向进行涂抹，即可抠选出人物的头发；与【调整边缘画笔】相关联的选项有【边缘检测】，它的作用是设置边缘调整区域的大小，一般采取默认值。

接下来适当调整【对比度】以增加选区边缘的对比程度，调整【移动边缘】对选区边缘进行收缩或扩展，调整【净化颜色】移去选区边缘的彩色边；最后将调整好的结果以【新建图层】方式输出，即可完成人像抠图。常用的输出选项还有【选区】、【新建带有图层蒙版的图层】等。最终的抠图效果如图 K1.2.3－22 所示。

图 K1.2.3－22

# K1.3　修图技法

## K1.3.1　修补工具

修补工具

### 一、红眼工具

红眼工具可以移去用闪光灯拍摄的人物照片中的红眼，也可以移去用闪光灯拍摄的动物照片眼中的白色或绿色反光。红眼是由于相机闪光灯在视网膜上反光引起的。

打开需要修改的图像，在【工具】面板中选择【红眼工具】，在需要修复红眼的图像处单击鼠标，如结果不满意可以调整工具属性栏中的"瞳孔大小"和"变暗量"，再次使用【红眼工具】单击修复红眼，直到结果满意为止。如图 K1.3.1-1 所示。

图 K1.3.1-1

### 二、污点修复画笔

【污点修复画笔】位于【工具】面板，使用方法非常简单。选择【污点修复画笔】后，直接在需要修复的位置涂抹，系统将自动修复涂抹的区域。在操作过程中，一般不需要更改参数，只需要根据污点或瑕疵的情况调整画笔大小即可。如图 K1.3.1-2 所示。

图 K1.3.1-2

污点修复画笔常用于修复小面积瑕疵，如人面部的黑痣等，或区域环境单一的物体。若修复面积较大、环境复杂的区域，系统识别容易出现误差。

### 三、修复画笔工具

【修复画笔工具】用于修复图像中的缺陷，并使修复的结果自然融入周围的图像。与【仿制图章工具】类似，【修复画笔工具】也是从图像中取样复制到其他部位，或直接用图案进行填充。但不同的是，【修复画笔工具】在复制或填充图案的时候，会将取样点的像素信息自然融入复制的图像位置，并保持其纹理、亮度和层次，被修复的像素和周围的图像完美结合。而【仿制图章工具】是原样不变的复制取样点的像素信息，不做任何调整。使用【修复画笔工具】修复小女孩嘴唇部位的瑕疵的效果如图 K1.3.1－3 所示。

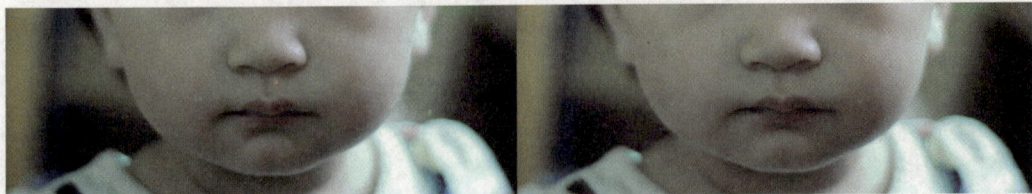

图 K1.3.1－3

### 四、修补工具

【修补工具】与【污点修复画笔】位于【工具】面板的同一工具组中，其使用方法与【套索工具】类似。选中【修补工具】后，在画布上圈选需要修复的位置，形成选区，按住鼠标左键拖拽选区，选择与修复区域环境类似的干净区域进行修补，待修复位置可以看到修补效果预览时松开鼠标左键完成修补工作。使用【修补工具】可以修补图片、人像美容、处理水印等。如图 K1.3.1－4 所示为处理水印的效果。

图 K1.3.1－4

使用修补工具时可以进行选区的增加或删除，以便更精确地操作。按住"Shift"键可以增加选区，按住"Alt"键可以删减选区。

修补工具适用于形状或环境较复杂的情况，在进行大面积修复时效率更高。需要注意的是，修复大面积区域时要尽量精确地选择区域，这样修复的效果更佳。

### 五、仿制图章工具

【仿制图章工具】位于【工具】面板中，是通过取样对图片进行遮盖来达到修复效果的工具。在选中【仿制图章工具】后，需要按住"Alt"键，然后单击取样点进行取样。取样时鼠标光标如图 K1.3.1－5 所示。取样后在需要修复的区域涂抹，涂抹时画笔区域将显示图片覆盖效果预览，释放鼠标即完成修复工作。如图 K1.3.1－5 所示为通过使用【仿制图章工具】修复人物皮肤的大面积污点。

图 K1.3.1－5

使用【仿制图章工具】时，可在属性栏调节画笔的不透明度，让效果更自然。使用【仿制图章工具】的关键在于取样点的选择，要尽量选择与目标环境、色调相近的取样点，在使用的过程中取样点可随时更换、调整。【仿制图章工具】在人物修图中常用于皮肤、汗毛的处理，还可用于大面积污点的修复。

### 六、模糊/锐化工具

模糊工具可降低相邻像素的对比度，将较硬的边缘软化，使图像柔和。

锐化工具可增加相邻像素的对比度，将较软的边缘明显化，使图像聚焦。这个工具并不适合过度使用，过度使用会导致图像严重失真。如图 K1.3.1—6 所示为通过使用【锐化工具】使茶壶纹理进一步清晰。

图 K1.3.1—6

当选中属性栏中"对所有图层取样"选项时，这两个工具在操作过程中就不会受不同图层的影响，不管当前是哪个活动层，【模糊工具】和【锐化工具】都对所有图层上的像素起作用。

### 七、涂抹工具

【涂抹工具】用于模拟用手指涂抹油墨的效果，将【涂抹工具】作用于颜色的交界处，会有一种相邻颜色互相挤入而产生的模糊感。【涂抹工具】不能在"位图"和"索引颜色"模式的图像上使用。在【涂抹工具】的属性栏中，可以通过"强度"来控制涂抹工具在画面上的力度。【涂抹工具】常用于人像皮肤的细致调整，如图 K1.3.1—7 所示。

图 K1.3.1—7

### 八、加深/减淡/海绵工具

【加深工具】、【减淡工具】和【海绵工具】主要用来调整图像的细节部分，可使图像的局部变深、变淡，以及使色彩饱和度增加或降低。

【减淡工具】可使细节部分变亮，类似于加光的操作。【减淡工具】属性栏中的"范围"有"暗调""中间调"和"高光"三个选项，分别作用于图像的不同影调范围，另外，还可以设定不同的"曝光度"，曝光度越高，【减淡工具】的使用效果就越明显。如图 K1.3.1—8 所示，使用【减淡工具】使雕像变亮。

图 K1.3.1—8

【加深工具】可使细节部分变暗，类似于遮光的操作。【加深工具】属性栏中的选项和【减淡工具】相同。

【海绵工具】用来增加或降低颜色的饱和度。【海绵工具】属性栏中可选择"加色"选项增加图像中某部分的饱和度，选择"去色"选项来减少图像中某部分的饱和度。如果在画面上反复使用海绵的去色效果，则可能使图像的局部变为灰度；而使用加色方式修饰人像面部的变化时，又可起到绝好的上色效果。【海绵工具】的应用效果如图 K1.3.1—9 所示。

图 K1.3.1—9

## K1.3.2　磨　皮

磨皮是 Photoshop 中人像修图的核心技法，使用图层、蒙版、通道、滤镜或其他插件给图片中的人物消除皮肤部分的斑点、瑕疵和杂色等，让皮肤看上去光滑、细腻、自然。

磨皮

**一、快速磨皮**

快速磨皮主要使用蒙尘与划痕滤镜，是一种非常简单快速的磨皮方式。

1. 需要掌握的工具：蒙尘与划痕滤镜、画笔、蒙版、曲线。

2. 原理：利用蒙尘与划痕滤镜把人物图片整体模糊处理，然后用图层蒙版控制好模糊的范围即需要处理的皮肤部分。这样可以快速消除皮肤部分的杂色及瑕疵。

3. 适用范围：精度要求不高的图片。

4. 操作步骤：快速磨皮分为三个大的步骤：第一步用蒙尘与划痕滤镜模糊皮肤；第二步用蒙版控制范围和强度，去掉较为明显的杂色及瑕疵；第三步利用曲线调整图片影调。

案例1：快速磨皮（蒙尘与划痕磨皮）

下面通过一个案例来学习快速磨皮的方法和技巧。打开素材文件，复制一个图层，选择【滤镜】菜单→【杂色】→【蒙尘与划痕】，设置"半径"为"9"、"阈值"为"1"，按住"Alt"键添加图层黑蒙版，使用白色画笔工具涂抹皮肤区域，眼睛和眉毛不需要涂抹，五官轮廓及面部轮廓适当涂抹；按"Ctrl＋Shift＋Alt＋E"盖印图层，添加"蒙尘与划痕"滤镜，设置"半径"为"15"、"阈值"为"0"，添加黑蒙版，使用白色画笔工具涂抹人物下巴区域；盖印图层，添加"曲线"调整层，编辑"曲线调整层蒙版"，进行人物面部美白，完成快速磨皮。

## 二、光滑磨皮

光滑磨皮是磨皮中最常用的，也是较快的磨皮方法。

1. 需要掌握的工具：高斯模糊滤镜、画笔、蒙版、减淡工具、加深工具。

2. 原理：利用高斯模糊滤镜把人物图片进行整体模糊处理，然后用图层蒙版控制好模糊的范围，即需要处理的皮肤部分。这样可以快速消除皮肤部分的杂色及瑕疵。如果一次模糊后还不够光滑，可以盖印图层，适当多模糊一点，再用蒙版控制好皮肤范围。直到自己满意为止。

3. 适用范围：大部分图片。

4. 操作步骤：光滑磨皮大致分为三个大的步骤：第一步用"高斯模糊"滤镜模糊皮肤，用蒙版控制范围，去掉较为明显的杂色及瑕疵；第二步用【加深工具】【减淡工具】处理细小的瑕疵及加强五官等部位的轮廓；第三步整体美白及润色。

案例2 光滑磨皮（高斯模糊磨皮）

下面通过一个案例来学习光滑磨皮的方法和技巧。打开素材文件，复制一个图层，选择【滤镜】菜单→【模糊】→【高斯模糊】，设置模糊值为"6.0"，按住"Alt"键添加图层黑蒙版，使用白色画笔工具涂抹皮肤面积较大的区域，五官及轮廓边缘位置不需要涂抹；按住"Ctrl＋Shift＋Alt＋E"盖印图层，添加"高斯模糊"滤镜（模糊值为3.0），添加黑蒙版，使用白色画笔工具只需要涂抹五官及脸部的轮廓区域；盖印图层，使用【加深工具】和【减淡工具】调整皮肤及五官细节；添加【曲线】调整层，进行整体美白，完成光滑磨皮。

## 三、通道磨皮

通道磨皮是主流磨皮方法，它的特点是精确快捷，同时保持了皮肤的原有细节。

1. 需要掌握的工具：曲线、通道、计算、高反差保留滤镜等。

2. 原理：肤色与斑点有色差，通道磨皮就是利用这点把斑点与皮肤分离出来，再转成选区，然后用调色工具调亮，斑点就会消失。一次磨皮不干净的话可以重复操作。

3. 适用范围：斑点较多的人物图片。

4. 操作步骤：通道磨皮大致分为三个大的步骤：第一步选择并复制对比度适中的通道，用高反差保留滤镜增加人像皮肤细小瑕疵的对比；第二步用三次计算强化皮肤细小瑕疵的对比；第三步建立基于最后一次计算的 Alpha 通道的选区，返回图层面板对选区反选，使用曲线调整皮肤细小瑕疵。

案例3 通道磨皮（高反差保留＋三次计算磨皮）

下面通过一个案例来学习通道磨皮的方法和技巧。打开素材文件，复制一个图层，选择并复制蓝通道，选择【滤镜】菜单→【其它】→【高反差保留】，"半径值"设置为"10像素"，使皮肤的细小瑕疵显露出来；选择【图像】菜单→【计算】，设置"混合"为"叠加"，加强皮肤细小瑕疵的对比，以此类推共执行三次计算；建立基于最后一次计算的 Alpha 通道的选区，返回【图层】面板对选区反选，使用曲线对皮肤细小瑕疵进行调整，完成通道磨皮。

## K1.4　造型技法

画笔工具

## K1.4.1　画　笔

### 一、画笔预设

　　画笔工具位于工具面板中，使用画笔工具可以直接在画布上进行绘制。在选中画笔工具的情况下，在其属性栏中的"画笔预设"中可以调整画笔的"大小""硬度"，以及选择预设样式的画笔等，如图K1.4.1－1所示。

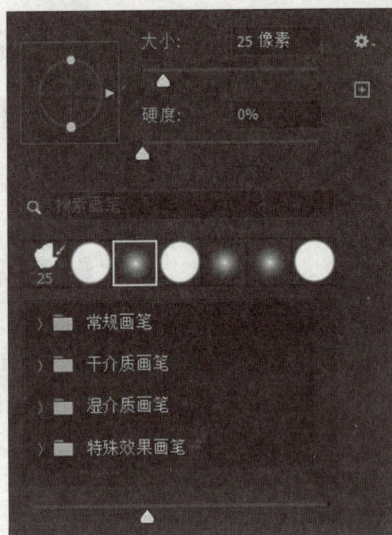

图 K1.4.1－1

　　画笔的大小指的是画笔的粗细；画笔的硬度指的是画笔边缘的柔和程度。硬度为"100％"，线条锐利，边缘分明；硬度为"0％"，线条边缘柔和。想要调整画笔的大小，除了在属性栏中调节画笔的大小外，还可以用快捷键。在选中画笔工具的情况下，按左中括号键表示缩小画笔，按右中括号键表示放大画笔。

　　使用画笔工具的时候，用鼠标进行绘制不是很方便，配合数位板和触控笔绘制会更加流畅。

　　在画笔工具的属性栏中可以调整"不透明度""流量"等参数。画笔的不透明度设置越大，所画图像就越清楚；流量值越大，所画图像颜色就越深。反之，画笔的不透明度设置越小，所画图像就越模糊；流量值越小，所画图像颜色就越浅。合理的设置"不透明度"和"流量"可以使画笔产生过渡的效果。画笔工具的属性栏如图K1.4.1－2所示。

图 K1.4.1－2

### 二、载入画笔

　　点击画笔工具属性栏中的"画笔预设"面板右上角的菜单按钮，在弹出的菜单中选择"导入画笔"命令，就可以在打开的"载入"对话框中导入外部画笔。导入的画笔可以在"画笔预设"面板中找到。如图 K1.4.1－3 所示。

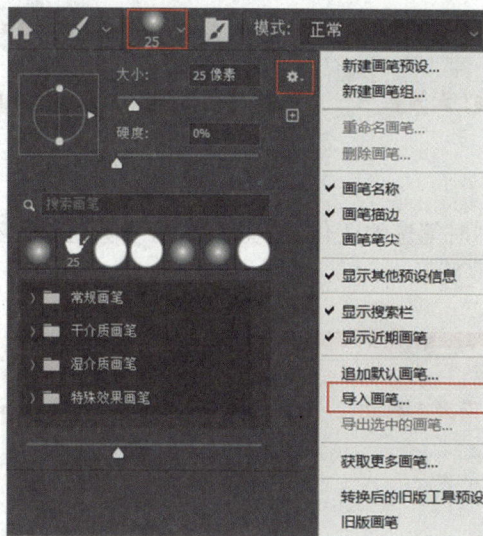

图 K1.4.1－3

案例 1：载入画笔

打开"背景"素材文件，使用"画笔预设"菜单中的"导入画笔"载入名为"火焰画笔"的画笔文件；单击"前景色"按钮，在弹出的"拾色器"对话框中设置 CMYK 颜色值为"C＝0、M＝49、Y＝89、K＝0"；在"画笔预设"中发现火焰画笔不止一个，此时应选择"Sampled Brush 30"，并将"大小"调整为"300 像素"，新建一个图层并绘制第一个火焰，将画笔大小更改为"200 像素"，绘制第二个火焰，将画笔大小更改为"100 像素"，绘制第三个火焰，以此类推，直至绘制出一个火堆，效果如图 K1.4.1－4 所示。

图 K1.4.1－4

### 三、动态画笔

在"画笔"面板中，可以进行更多的画笔参数设置。

1."画笔笔尖形状"设置

大小：可以控制画笔的大小，与画笔工具属性栏中的"大小"一致。

翻转 X：改变画笔笔尖在其 X 轴上的方向。

翻转 Y：改变画笔笔尖在其 Y 轴上的方向。

角度：用于定义画笔长轴的倾斜角度，也就是偏离水平的距离。

圆度：指画笔短轴与长轴之间的比例关系。

硬度：与画笔工具属性栏中的"硬度"一致。

间距：是指选定了一种画笔后，画出的标记点之间的距离。当取消选择此项时，鼠标的移动速度将确定间距，画笔间距的默认值设置为 25％。增大间距的效果如图 K1.4.1－5。

(a) 无间距        (b) 有间距

图 K1.4.1－5

2.“形状动态”设置

形状动态决定使用画笔绘制时笔迹的变化。主要的设置参数包括大小抖动、角度抖动和圆度抖动。形状动态的效果如图 K1.4.1－6 所示。

(a) 无大小抖动        (b) 有大小抖动

图 K1.4.1－6

3.“散布”设置

“散布”用来指定绘制线条时画笔标记点的分布情况。“散布”的效果如图 K1.4.1－7 所示。

(a) 无散布抖动        (b) 有散布抖动

图 K1.4.1－7

4.“纹理”设置

“纹理”利用图案使画笔看起来像是在带纹理的画布上绘制。“纹理”的效果如图 K1.4.1－8 所示。

(a) 无纹理抖动        (b) 有纹理抖动

图 K1.4.1－8

5.“双重画笔”设置

“双重画笔”即使用两种笔尖效果创建画笔。“双重画笔”的效果如图 K1.4.1－9 所示。

(a) 无双重画笔抖动        (b) 有双重画笔抖动

图 K1.4.1－9

6.“颜色动态”设置

“颜色动态”中的设定项用来决定在绘制线条的过程中颜色的动态变化情况。“颜色动态”的效果如图 K1.4.1－10 所示。

(a) 无颜色抖动        (b) 有颜色抖动

图 K1.4.1－10

7．"传递"设置

"传递"中的设定项用来决定在绘制线条的过程中"不透明度抖动"和"流量抖动"的动态变化情况。"传递"的效果如图 K1.4.1－11 所示。

**(a) 无传递抖动**　　**(b) 有传递抖动**

图 K1.4.1－11

案例 2：动态画笔

打开"花"素材文件，新建一个图层并调整到最下层的位置，选择"绿色－09"渐变预设，添加一个线性渐变背景；新建图层，前景色设为"白色"，设置画笔大小为"200 像素""柔边缘"，打开"画笔"面板，设置"形状动态"为"大小抖动"、"散布"为"两轴"、"传递"为"不透明度抖动"，拖拽鼠标绘制动态画笔背景效果，如图 K1.4.1－12 所示。

图 K1.4.1－12

## K1.4.2　颜　色

### 一、前＼后景色

单击【前景色】 ，可以调出【拾色器】，在此可以改变【前景色】的颜色。在【拾色器】中可以单击颜色区域选择颜色，如图 K1.4.2－1 所示。也可以通过输入色值来改变颜色，如图 K1.4.2－2 所示。

此外，使用拾色器还可以吸取画面上的颜色来使用。在拾色器被打开的情况下，当把鼠标指针移出"拾色器"对话框以外，鼠标指针变为"吸管"形状，这时就可以吸取画面上的颜色了。通过按快捷键"D"可以使前景色设置为"黑色"、背景色设置为"白色"，通过按快捷键"X"可以切换前景色和背景色。设置好前景色后，按快捷键"Alt＋Delete"即可以将前景色填充到当前选中的图层。

颜色与橡皮擦

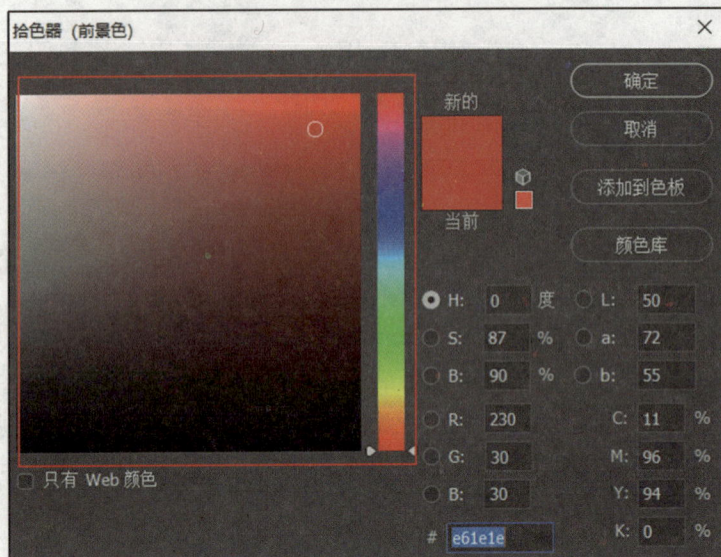

图 K1.4.2—1

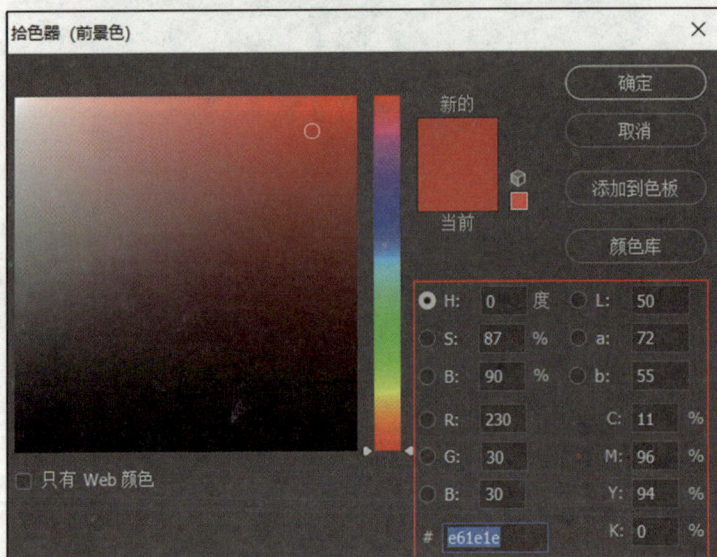

图 K1.4.2—2

在实际工作中，如果需要将设计图进行输出的话，往往需要使用标准色值卡中的颜色以输入色值的方式防止发生"溢色"等问题。

## 二、渐变

渐变工具用来填充渐变色，如果不创建选区，渐变工具将作用于整个图像。此工具的使用方法是按住鼠标左键拖拽，形成一条直线，直线的长度和方向决定了渐变填充的区域和方向。

渐变工具的属性栏中的主要参数设置包括：编辑渐变、渐变类型、模式、不透明度、反向、仿色和透明区域，如图 K1.4.2—3 所示。

图 K1.4.2—3

其中，渐变类型包括线性渐变、放射状渐变、角度渐变、对称渐变和菱形渐变。这些渐变工具的使用方法相同，但产生的渐变效果不同。

在属性栏选项中，可在"模式"的弹出菜单中选择渐变色和底图的混合模式。通过调节"不透明度"改变整个渐变色的透明度。"反向"选项可以使现有的渐变色逆转方向。"仿色"选项用来控制色彩的显示，选中它可以使色彩过渡更平滑。选择"透明区域"选项对渐变填充使用透明蒙版。

单击"编辑渐变" ▭ 按钮，可以打开"渐变编辑器"面板。如图 K1.4.2－4 所示。

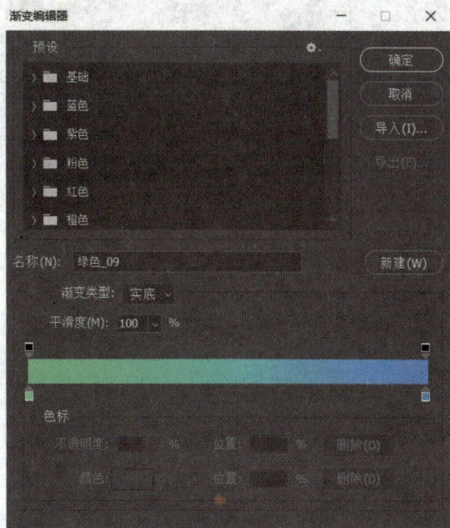

图 K1.4.2－4

(1)在已有的渐变样式中选择一种渐变作为编辑的基础。

(2)渐变效果预视条下端有颜色标记。在下面的"色标"栏中，"颜色"后面的色块会显示当前选中标记点的颜色，单击此色块，可以修改渐变的颜色。"位置"后面显示标记点在渐变效果预视条的位置，用户可以输入数字来改变颜色标记点的位置，也可以直接拖动渐变效果预视条下端的颜色色标点。

(3)渐变效果预视条上端有不透明度标记点。单击不透明度标记点，在下面的"色标"栏中，可以设置当前选中标记点的不透明度。

(4)如果要删除颜色标记点或不透明度标记点，可以直接用鼠标将其拖离渐变效果预视条即可。渐变效果预视条上至少要有两个颜色标记点和两个不透明度标记点。

(5)如果要增加颜色标记点或不透明度标记点，用鼠标直接在渐变效果预视条上任意位置单击即可。

## K1.4.3　橡皮擦

画面上一些绘制失误的部分可以使用橡皮擦工具进行修改。单击【工具】面板中的【橡皮擦】，然后使用橡皮擦工具直接对需要修改的部分进行擦除即可。选中【橡皮擦工具】的情况下，在属性栏中可以调整橡皮擦的大小、硬度、不透明度和流量。

案例：橡皮擦

打开"人像"素材文件，复制"人像"图层，选中"人像 副本"图层，添加"高斯模糊滤镜(5.0)"，使画面模糊起来；在【橡皮擦工具】属性栏中设置大小为"200"、不透明度为"50％"、流量为"50％"，涂抹人像部分，会使下面图层未加模糊效果的人像显现出来，实现背景虚化、人像聚焦的效果。如图所示。

## K1.4.4　形　状

形　状

形状工具结合布尔运算可以绘制出各种形状的图形，通过图层样式的综合运用，为这些图形添加写实光影效果，可以打造出有质感、有细节的写实图标。

### 一、形状工具组概述

使用【形状工具组】中的工具可以直接绘制简单的图形，通过布尔运算将简单的图形进行组合，可以绘制出各种复杂的图形或图标。【形状工具】组位于【工具】面板中，包括矩形工具、圆角矩形工具、椭圆工具、多边形工具、直线工具和自定义形状工具。选择不同的形状工具，并按住"Shift"键进行绘制，可以得到正方形、圆角正方形、圆形、正多边形和直线等。

形状工具和钢笔工具都有 3 种模式，分别是形状、路径和像素。在绘制图标时要选择形状模式。在默认情况下，用形状工具绘制的图形相当于 Photoshop 中的矢量图，可以随意放大缩小，图形不会变模糊，所产生的图层为形状图层，如图 K1.4.4－1 所示。形状图层右下角会有一个形状图标。用形状工具的路径模式绘制图形，所产生的是路径，该路径会临时存放在【路径】面板中，如图 K1.4.4－2 所示。用形状工具的像素模式绘制图形，所得到的图形是位图，只能在普通图层上绘制，如图 K1.4.4－3 所示，它不能随意调整大小，否则图形会变得不清晰。

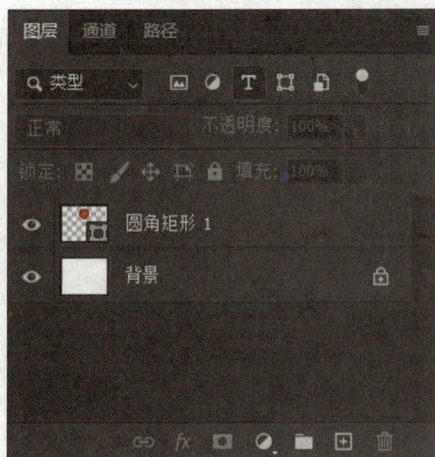

图 K1.4.4－1

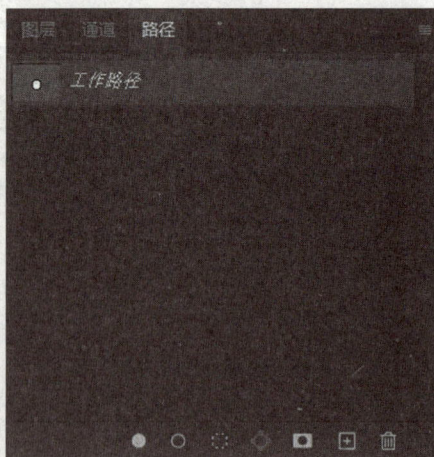

图 K1.4.4－2

图 K1.4.4－3

在选择自定义形状工具时，可以在属性栏上的"形状"旁，单击向下按钮，在弹出的下拉列表中选择更多不同的图形。另外，选择右上方的菜单按钮中的"导入形状"，可以导入外部的形状文件，以扩展 Photoshop 的自定义形状，如图 K1.4.4－4 所示。

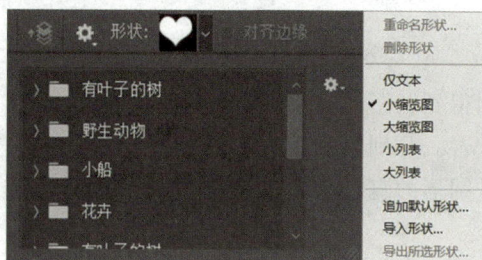

图 K1.4.4－4

### 二、形状工具组的用法

在 Photoshop 中需要通过布尔运算来组合图形。布尔运算是指两种或两种以上的形状进行并集、差集和交集的运算。Photoshop 有 4 种运算方式，分别是合并形状、减去顶层形状、与形状区域相交和排除重叠形状，如图 K1.4.4－5 所示

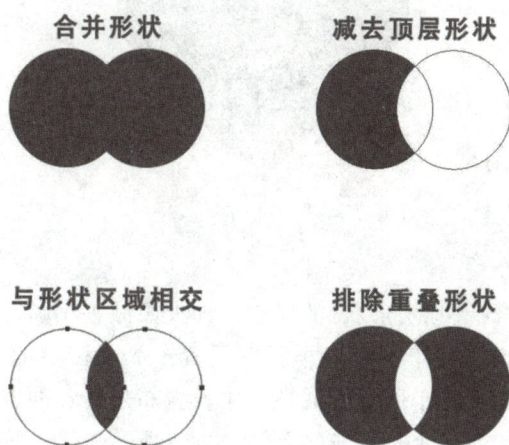

图 K1.4.4－5

（一）布尔运算的位置

在【工具】面板中选中【形状工具】、【路径选择工具】、【直接选择工具】或【钢笔工具】都可以在属性栏上找到"布尔运算"。它位于【路径操作】的下拉列表中，如图 K1.4.4－6 所示。

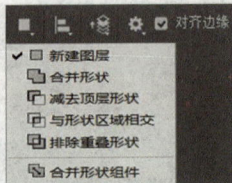

图 K1.4.4－6

（二）布尔运算的方法

第一，两个图形需要在同一个图层中。如果图形分别在不同图层中，可以按"Shift"键选择两个图层，再按快捷键"Ctrl＋E"进行合并形状。

第二，用【路径选择工具】选中需要进行布尔运算的图形。进行布尔运算的两个图形需要有重叠的部分。用【路径选择工具】选择图形，将它移动到另一个图形上，使它们产生重叠的部分，布尔运算在默认的情况下是合并形状。注意：用【路径选择工具】选择一个图形，不要选择两个图形。

第三，选择布尔运算的方式，得到组合图形。选择最上方的图形，在属性栏上单击【路径操作】，选择布尔运算的方式。注意：【路径选择工具】选择的图形一定是位于其他图形的上方，才能进行布尔运算。

（三）图形的基础操作

1. 合并形状

合并形状是指两个图形相加得到新图形。

第一步，绘制图形并调整位置。分别绘制正方形和圆形，用【路径选择工具】移动圆形，使圆形的直径与正方形的一条边重叠，且圆形的直径与正方形的边长要相等，按照此方法再复制一个圆形到正方形的另一条边上。

第二步，设置正方形的一个直角变为圆角，并将图形转正。用【路径选择工具】选择正方形，按住"Ctrl"键拖动圆角化图标单独设置一个角为圆角。合并图层，用自由变换功能旋转图形，如图 K1.4.4－7 所示。

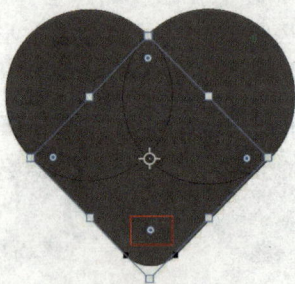

图 K1.4.4－7

2. 减去顶层形状

放大镜图标的圆环用到了"减去顶层形状"的操作，即大圆减去小圆得到圆环。

第一步，制作圆环。绘制大小两个圆，将小圆图层置于大圆图层的上方，将两个图层居中对齐，再合并图层。用【路径选择工具】选择小圆，在属性栏中设置布尔运算的属性为"减去顶层形状"。

第二步，制作手柄。分别绘制一个长圆角矩形和两个小圆角矩形，使它们与圆环居中对齐，两个小圆角矩形的位置要正好与圆环相切。将路径操作设置为"减去顶层形状"。

第三步，完善手柄。在手柄上方绘制一个矩形，将路径操作设置为"减去顶层形状"，减掉圆角矩形多余的地方。复制、粘贴长圆角矩形，用自由变换功能调整长短完善手柄，最后旋转图形使放大镜倾斜 45°，如图 K1.4.4－8 所示。

图 K1.4.4－8

3. 与形状区域相交

信号图标使用了两个图形相交，只显示形状相交区域的制作方式。

第一步，制作圆环和圆心。用制作放大镜图标中圆环的方法制作两个圆环，最后绘制一个小圆。注意：圆形之间要居中对齐。

第二步，完成图标的形状。绘制一个正方形并旋转 45°，将其下端一角对齐圆心。将所有图层合并，选中正方形，在【属性】面板中设置正方形的路径操作为"与形状区域相交"。如图 K1.4.4－9 所示。

图 K1.4.4－9

4. 排除重叠形状

排除重叠形状是只显示两个图形相交以外的区域。

第一步，绘制矩形和正方形。绘制一个矩形，在【属性】面板中设置矩形下方的两个直角为圆角。绘制一个正方形，设置左下角和右上角为"圆角"，再旋转 45°。

第二步，组合图形。将两个图形合并图层，设置正方形的路径操作为"排除重叠形状"，如图 K1.4.4－10 所示。

图 K1.4.4－10

注意：如果图形需要设置圆角，应在不变形、不旋转的前提下进行设置。

# K1.4.5　文　字

文字

## 一、文字工具

（一）两种常用文字工具

文字工具位于工具面板中，是一个大写字母 T 的图标，单击文字工具图标或使用快捷键 T 可以调出文字工具。文字工具的功能是输入文本，文字工具组中最常用的是横排文字工具和直排文字工

具。横排文字工具，用于输入水平方向的文本，而直排文字工具用于输入垂直方向的文本。

使用文字工具输入文本的时候会自动生成文本图层。输入文字后，可以在属性栏中调整文字的字体、字号等，如图 K1.4.5－1 所示。

图 K1.4.5－1

文本图层是随时可以再编辑的。双击【图层】面板中的文本图层缩略图，可以将文字选中，修改文本的字体、字号和颜色等属性，如图 K1.4.5－2 所示。

图 K1.4.5－2

使用【横排文本工具】在画布的文本上单击，可以进入文本编辑状态，更改文本的具体内容，如图 K1.4.5－3 所示。

图 K1.4.5－3

按"Esc"键或选择【工具】面板中的任意工具即可退出文本编辑状态。

选中文本后，可以在属性栏中选择字体。选择字体时，在画布上可预览字体效果。在系统的字体比较多的情况下，还可以单击字体前的星形按钮收藏常用的或喜欢的字体，方便再次使用。如图 K1.4.5－4 所示。

图 K1.4.5－4

字重就是字体的粗细，可以根据设计需求选择。字号即文字的大小，可以通过输入数值来准确地设置文字的大小。在属性栏中还可以进行横排文字和直排文字的切换，单击字体下拉菜单前的"切换文本取向"按钮即可。

(二)点文字

选中 横排文字工具，在画布上单击，可以创建一个点文字。像字母或词语这样较短的文字，可以通过创建点文字的方法来输入。

案例1：点文字

打开"背景"素材图片，选择【横排文字工具】，在属性栏中设置字体为："Berlin Sans FB Demi"、字号为："32点"、颜色为："绿色"、对齐方式"居中对齐"，在画布上单击并输入相应点文字，按"回车"键可换行输入其他点文字。退出文字编辑状态，选择【横排文字工具】，设置颜色为："白色"，其他属性与上一个文字相同，输入相应点文字并适当调整文字，产生上下文字错层显示的效果；以此类推，输入并设置第三个点文字。最终效果如图K1.4.5－5所示。

图K1.4.5－5

（三）段落文字

大段的文本可以通过创建段落文字的方法来输入。选中【文字工具】，在画布上拖拽鼠标光标绘制矩形文字框，即可在文字框内输入文本，生成的段落文字框有8个角点可以控制文字框的大小和旋转方向。如图K1.4.5－6所示。

段落文字具有自动换行功能。用鼠标拖拽文字框的角点可缩小段落文字框，但不影响文字框内文字的各项设定，只是放不下的文字会被隐藏。如图K1.4.5－7所示。

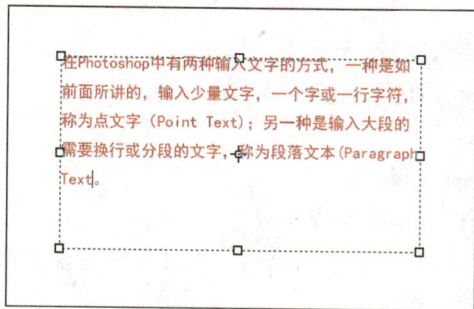

图K1.4.5－6

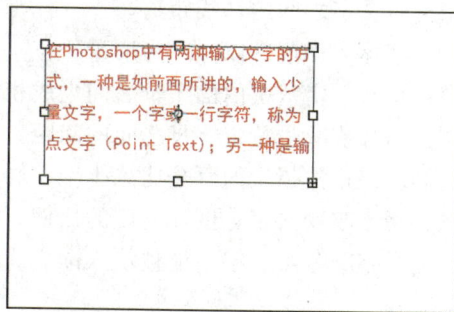

图K1.4.5－7

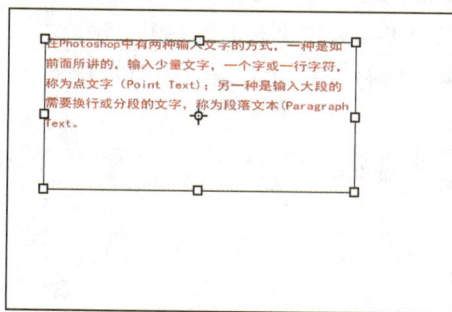

图K1.4.5－8

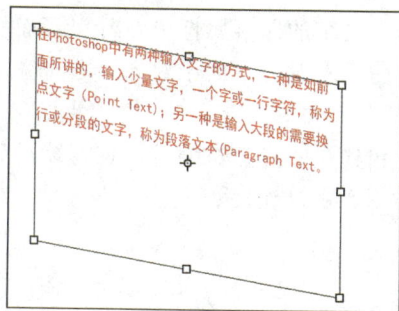

图K1.4.5－9

153

在按住"Ctrl"键的同时拖拽文字框四角的角点，不仅可以放大缩小文字框，还可以同时放大缩小文字，如图 K1.4.5－8 所示。

在按住"Ctrl"键的同时拖拽文字框各边框中心的角点(非四角的角点)，可以使文字框发生倾斜变形，如图 K1.4.5－9 所示。

选择点文字所在图层，选择【文字】菜单→【转换为段落文本】，可将点文字转换为段落文字；选择段落文字所在图层，选择【文字】菜单→【转换为点文字】，可将段落文字转换为点文字。

## 二、文字属性

文字输入完成后或是在文字编辑的过程中都可以改变文字的属性，文字的属性包括字符属性和段落属性。字符属性指的是文字的字体、大小、字距等，段落属性则是指段落的缩排、对齐等。

(一)字符属性

文字的字符属性可在【字符】面板中设置，如图 K1.4.5－10 所示。

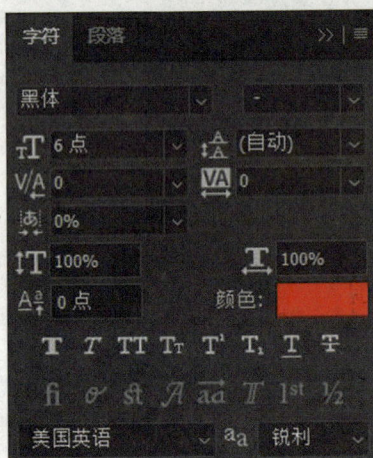
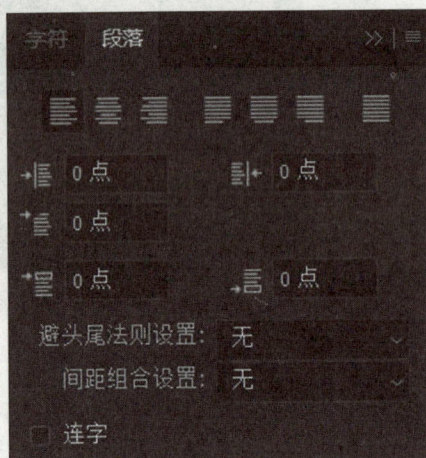

图 K1.4.5－10              图 K1.4.5－11

字体：显示当前所用字体。

行距：指两行文字之间的基线距离。

字体大小：字体大小通常以"点"为度量单位，可以直接输入数值。

字距调整：指在一定范围内的字母之间生成相同间距的过程。

字距微调：增加或减少特定字母之间的间距。

调整比例间距：指按指定的百分比减少字符周围的空间。

缩放比例：用于改变文字宽度和高度的比例，可将字体拉长或压扁。

颜色：设定文字颜色，文字不能被填入渐变或图案(只有将文字栅格化后才能填充渐变或图案)。

(二)段落属性

段落是指末尾带有回车的任何范围的文字。对于点文字，每行是一个单独的段落。对于段落文字，一段可能有多行。文字的段落属性可在【段落】面板中设置，如图 K1.4.5－11 所示。

段落对齐：包括左对齐、居中对齐、右对齐、最后一行左对齐、最后一行居中对齐、最后一行右对齐、全部对齐。

段落缩进：包括左缩进、右缩进、首行缩进、段前添加空格、段后添加空格。

连字：自动用连字符连接。

## 三、文字特效

(一)字体文字

通过给本地计算机安装字体文件可以扩展 Photoshop 的文字效果，字体文字特效的核心是字体的安装和应用。

案例3：字体文字特效

复制"腾祥金砖黑简体"字体到"C：\ Windows \ Fonts"目录下，进行本地计算机字体的安装。打开"背景"素材文件，选择【横排文字工具】，设置属性栏中"字体"为："腾祥金砖黑简体"、"字号"为："18 点"、"颜色"为："白色"，输入"中国航海日"文本，添加"描边"和"投影"图层样式；输入并美化其他文本，完成字体文字特效。如图 K1.4.5－12 所示。

图 K1.4.5－12

（二）变形文字

使用文本工具属性栏中的【创建文字变形】功能，可以对文本进行不同形状的变形，如波浪形、弧形等，以制作出丰富多样的变形文字特效。

案例4：变形文字特效

打开"橙子"素材图片，选择【横排文字工具】，设置属性栏中"字体"为："华文彩云"、"字号"为："20 点"、"颜色"为："C＝0、M＝66、Y＝91、K＝0"；输入"橙"文本，添加"投影"为："图层样式"，双击文本图层缩略图选中文字，选择文本工具属性栏中的"创建文字变形"，设置"膨胀"样式；以此类推，分别制作"子""的""味""道"文本，选中五个文本设置"水平居中分布"，完成变形文字特效。如图 K1.4.5－13 所示。

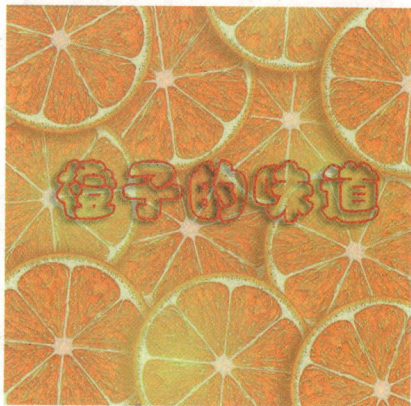

图 K1.4.5－13

（三）蒙版文字

蒙版文字主要使用文字工具和图层蒙版功能制作文字特效，是应用非常广泛的文字特效技术。

案例5：蒙版文字特效

打开背景图片，使用【文字工具】逐个输入大写字母"K""E""E""P"，再给每一个字母图层添加图层蒙版，使用【渐变工具】，打造字母层叠的效果。使用【文字工具】，输入"RUNNING"，再利用蒙版做出人物腿部在文字上方的效果。给"RUNNING"图层增加图层蒙版，使用【画笔工具】在蒙版上进行涂抹，用黑色画笔将人物的腿部部分涂抹处理。操作时可以放大图片，并随时切换画笔的颜色，仔细调整腿部边缘细节，完成蒙版文字特效。如图K1.4.5－14所示。

图 K1.4.5－14

# K1.4.6 路 径

路径

## 一、路径面板

路径面板中最重要的两个功能是【将路径作为选区载入】 和【从选区生成工作路径】 。使用这两项功能可以将选区与路径相互转换，使选区与路径这两项 Photoshop 的核心技能紧密结合。另外，在【路径】面板右上角菜单中还有"存储路径""复制路径""删除路径""填充路径""描边路径"和"剪贴路径"等命令也非常有用。

1. 建立路径

在 Photoshop 中建立路径最常用的方法有：钢笔工具绘制路径、形状工具绘制路径和将选区转换为路径。

2. 激活路径

在【路径】面板上单击某个路径即可激活该路径。

3. 移动路径

用【工具】面板上的"路径选择工具"中选中路径，拖拽鼠标即可移动路径。

4. 更改路径

用【工具】面板上的"直接选择工具"中选中路径，拖动路径或路径上的锚点可以更改路径。

5. 存储路径

创建好的路径是工作路径，是一种临时路径，创建其他路径后，新路径将会替代旧路径。选择【路径】面板右上角菜单中的"存储路径"命令可保存路径。

6. 复制路径

可以通过【路径】面板右上角菜单中的"复制路径"命令来实现，需要注意的是要复制的路径必须是保存过的路径，工作路径无法被复制。

7. 删除路径

激活路径后，按"Delete"键可以删除路径。

8. 将路径转换为选区

使用【路径选择工具】选中路径后，点击【路径】面板上的"将路径作为选区载入"，可以将路径转换为选区。

9. 将选区转换为路径

创建选区后，点击【路径】面板上的"从选区生成工作路径"，可将选区转换为路径。

## 二、描边路径

描边路径是指使用画笔、铅笔、仿制图章等工具对路径进行描边的一种方法。

1. 操作方法：

(1)设置画笔等工具的属性参数。

(2)建立路径。

(3)新建一个图层。

(4)在【路径】面板选中要描边的路径，在【路径】右上角菜单中选择"描边路径"，在弹出的对话框中选择之前设置好的描边工具，勾选"模拟压力"选项会产生"渐隐"的效果。

(5)按"确定"按钮完成描边路径。

2. 案例1：描边路径

新建文件，添加蓝色放射状渐变背景；置入"珞璜花朵"素材并调整好大小和位置；设置【画笔工具】参数："颜色"为"C=79、M=52、Y=0、K=0"、"大小"为"5 像素"；新建一个图层；使用【钢笔工具】绘制曲线路径；切换到【路径】面板选中"曲线"路径，选择"描边路径"并勾选"模拟压力"，完成描边路径效果。如图 K1.4.6－1 所示。

图 K1.4.6－1

## 三、路径文本

可以使用钢笔、形状等工具绘制路径，然后沿着该路径键入文本，就可以实现文字沿着路径显示，可以将路径理解为文字的引导线。

1. 操作方法

(1)选择适当的工具绘制路径。

(2)选择【文本工具】，将鼠标置于路径之上，当出现带有"曲线"的鼠标指针时单击鼠标，这时路径上会出现一个插入点，输入文本。

(3)使用【路径选择工具】更改路径文本的位置和方向，获得满意的文本后，按"Ctrl＋回车"确认。

**2. 案例 2：路径文本**

打开"图标背景"素材文件，按"Ctrl＋T"【自由变换】，拖动标尺形成两条与"背景素材"图片几何中心相交的辅助线，按住"Shift＋Alt"键使用【椭圆选框工具】以两条辅助线相交点为中心绘制圆形选区，将选区转换为路径；选择【横排文字工具】，在属性栏中设置"字体"为"黑体"、"字号"为"18 点"、"颜色"为"白色"、"字符间距"为"1500"；制作中文名称路径文本，使用【路径选择工具】调整路径文本的位置；以此类推，制作其他路径文本（设置"字体"为"Algerian"、"字号"为"16 点"、"颜色"为"白色"、"字符间距"为"300"）。效果如图 K1.4.6－2 所示。

图 K1.4.6－2

### 四、文本填充路径

可以使用钢笔、形状等工具绘制路径，然后进入该路径键入文本，就可以实现文字填充路径的效果。

**1. 操作方法**

（1）选择适当的工具绘制路径。

（2）选择文本工具，将鼠标置于路径内部，当出现带有"圆圈"的鼠标指针时单击鼠标，这时路径内会出现一个插入点，输入文本。获得满意的文本后，按"Ctrl＋回车"确认。

**2. 案例 3：文本填充路径**

打开"背景"素材文件，使用【自定义形状工具】中的"心形"绘制心形图案，按住"Ctrl"键单击心形图层的缩略图建立心形选区，将选区转换为路径；选择【横排文字工具】，在属性栏中设置"字体"为"黑体"、"字号"为"18 点"、"颜色"为"白色"、"字符间距"为"300"，制作文本填充路径；为文本图层添加"外发光"图层样式，依据心形图层设置"斜面和浮雕""渐变叠加"图层样式，最终效果如图 K1.4.6－3 所示。

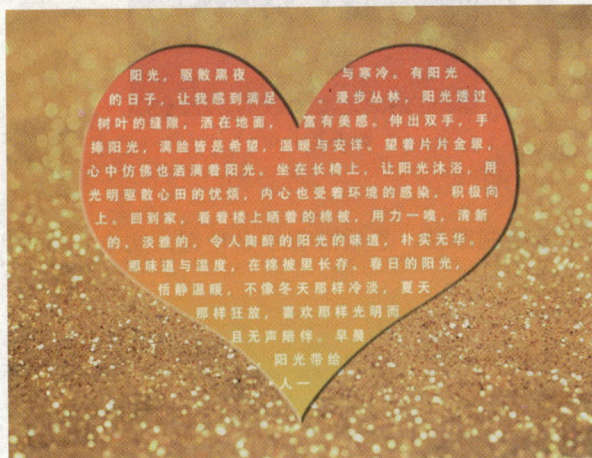

图 K1.4.6－3

## K1.5　合成技法

### K1.5.1　图　层

**K1.5.1.1　图层的基本操作**

图层是 Photoshop 中的重要功能，Photoshop 中的绝大部分操作都是在图层中进行的。图层最大的作用就是将对象分离，然后对单独或部分对象进行操作，同时不会改变其他对象，有利于反复打磨作品细节，打造画面层次。

**一、选中图层**

图层的大部分操作位于【图层】面板，如果无法找到【图层】面板，可以在【窗口】菜单中打开。选中图层的一般方法是直接在【图层】面板中单击；按住"Ctrl"键并单击图层可以选中多个不连续的图层；按住"Shift"键并单击图层可以选中连续的多个图层。

在使用【移动工具】的情况下，如果在属性栏中勾选了"自动选择"选项，在画面中单击图像，即可选中对应的图层；若不勾选该选项，可按住"Ctrl"键，再单击画布中的图像来选择图层。

**二、新建图层**

新建图层的方法很多，最简单的方法就是单击【图层】面板下方的"创建新图层" ⊞ 按钮，这样可以直接创建一个新的透明图层。选择【图层】菜单中的【新建】→【图层】，或按快捷键"Shift＋Ctrl＋N"，也可以新建图层。

使用【文字工具】、【形状工具】等工具时，系统会自动新建图层。需要注意的是，使用文字工具、形状工具创建的图层不是普通的像素图层，不能使用画笔、橡皮擦等工具修改图层像素。若需要对其进行编辑，需要选中图层后，单击鼠标右键，在弹出的菜单中选择"栅格化图层"，才能将其转换为普通的像素图层。如图 K1.5.1.1－1 所示。

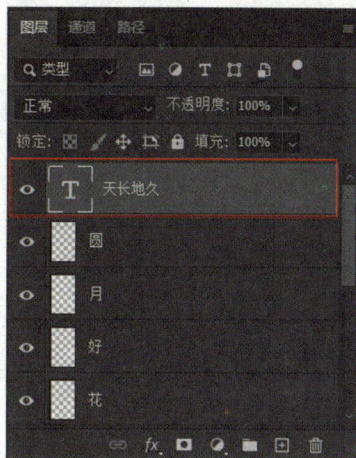

图 K1.5.1.1－1

图层的基本操作

### 三、重命名图层

如果图层全部使用系统默认的名称，那么在图层很多的情况下，想要找到目标图层将耗费很多时间。因此，在进行图像处理或图像创作时，要养成良好的命名习惯，按照图层的内容对图层进行命名。

重命名的方法是双击目标图层的名称区域，进入更改图层名称的状态，输入图层名称并按回车键确认。如图 K1.5.1.1－2 所示。

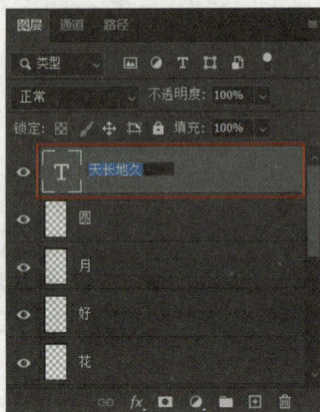

图 K1.5.1.1－2

### 四、复制图层

想要复制图像，可复制图像对应的图层。第一种方法是按快捷键"Ctrl＋J"直接复制图层；第二种方法是在使用【移动工具】的情况下，按住"Alt"键并拖动图像进行图像复制，图层也将被复制；第三种方法是将要复制的图层直接拖动到"创建新图层"按钮上。

另外，在【图层】面板中选中图层后单击鼠标右键，在弹出的菜单中选择【复制图层】，这时会弹出"复制图层"对话框。在对话框中可以修改复制图层的名称，也可以选择将图层复制到的目标，具体包括"自身文档""新建文档"和"已打开的文档"三种。

### 五、删除图层

对于错误、重复或多余的图层，可以在【图层】面板中将其删除。在【图层】面板中选中需要删除的图层后，可以按"Delete"键或单击【图层】面板下方的 🗑 按钮进行删除。

### 六、更改图层不透明度

在【图层】面板中选中图层后可以修改图层的不透明度。修改图层不透明度的方法为：选中目标图层，在【图层】面板的"不透明度"设置区域拖动控点或输入数值来调整不透明度。如图 K1.5.1.1－3 所示。

图 K1.5.1.1－3

更改不透明度还有更便捷的方法：在选中图层的情况下，直接输入数字就可以改变图层的不透明度。

"填充"也可以更改图层的透明状态，"填充"与"不透明度"在常规情况下对于图层透明状态的调整效果是一致的，但"不透明度"影响图层样式，"填充"不影响图层样式。如图 K1.5.1.1－4 所示。

图 K1.5.1.1－4

### 七、链接图层

链接图层可以将关联的图层组合在一起，方便对多个图层进行移动或自由变换。如想将图 K1.5.1.1－5 中文字的四个图层组合在一起，可以链接四个图层。链接图层的步骤是选中需要链接的图层，在【图层】面板上单击"链接图层"按钮即可。链接成功后"图层"面板中对应图层将出现锁链图标，如图 K1.5.1.1－5 所示。

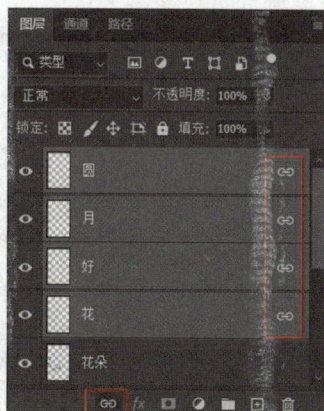

图 K1.5.1.1－5

如果想要解除图层链接，需要选中链接的图层，再次单击【图层】面板的"链接图层"按钮即可。

### 八、创建图层组

将多个图层创建成一个图层组也可以将图层组合在一起。第一种方法是：选中相关图层，按快捷键"Ctrl＋G"；第二种方法是：选中相关图层，单击鼠标右键，在弹出的菜单中选择"从图层建立组"，在弹出的对话框中可对图层组进行命名；第三种方法：单击【图层】面板下方的"创建新组"按钮，就能在【图层】面板中创建一个新组。创建新组后将需要编组的图层直接拖进组中，或直接在组中创建新图层。

需要注意的是，想要在画布上移动图层组的所有图层，需要取消移动工具的"自动选择"选项。在图层较多的文件中，编组非常重要，它可以帮助划分图层内容，因此在工作中需要养成给图层编组的好习惯。

链接图层和创建图层组的区别：对图层进行链接后，图层的上下排列关系不会发生变化，而在同一图层组中的图层，它们的上下位置在整个作品中与组的位置是一致的，因此如果为上下位置相差较远的图层创建图层组后，图层位置将发生变化。

### 九、隐藏图层

在图层较多的情况下，图层会互相遮挡，有时候会干扰操作。因此，为了准确调整画面，有时需要将部分图层隐藏起来。在【图层】面板中，单击图层前方的"图层可见性" 👁 按钮可以改变图层的显隐关系。图层前面的"图层可见性"按钮显示时，该图层为显示状态，"图层可见性"按钮消失时，该图层为隐藏状态。

另外，可以按住"Alt"键，单击图层前方的"图层可见性"按钮，就能隐藏除了该图层以外的所有图层，这个功能对于查看图层和修图前后的对比是非常有帮助的。

### 十、锁定图层

在图层比较多的情况下，对一些已经调整好的图层，或一些暂时不需要改动的图层，可以先将其锁定起来，避免误操作。锁定图层的方法是：选中图层后，在【图层】面板中单击相应的"锁定" 锁定: 🔲 🖌 ✛ 🔲 🔒 按钮。最常用的是"锁定全部" 🔒 按钮，单击此按钮后，图层中所有像素都被锁定，不能对它们做任何修改。也可以选择锁定局部，较常用的有"锁定透明像素" 🔲 和"锁定图像像素" 🖌 按钮。"锁定透明像素"后，只能对该图层图像像素部分进行修改；"锁定图像像素"后，只能调整图像位置，不能更改像素。图层使用锁定功能后，在【图层】面板中，该图层后方将显示锁定图标。如需解锁图层，单击对应图层上的锁定图标即可。如图 K1.5.1.1－6 所示。

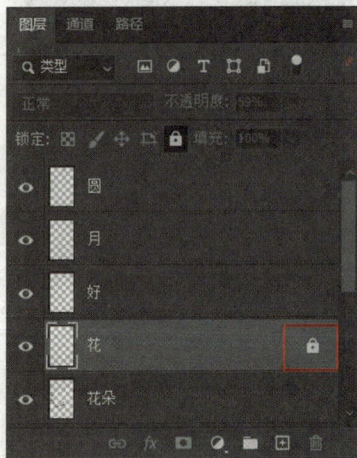

图 K1.5.1.1－6

### 十一、保存图层

保存图层可以方便文档的后续调整，单独的图层保存下来还能多次利用，因此掌握图层的保存方法很必要。选中需要保存的图层，单击鼠标右键，在弹出的菜单中选择"导出为"，打开"导出图层"对话框，在其中进行文件格式、文件大小等内容的设置，单击"导出"按钮即可保存图层。也可以在【图层】面板中选中图层后，单击鼠标右键，在弹出的菜单中选择"快速导出为 PNG"，可以跳过导出设置，将图层快速导出为 PNG 图片。

### K1.5.1.2　图层的上下关系

图层之间是相互关联的。图层间存在位置关系，如图层的上下关系、对齐关系等。图层间也可以产生相互作用，如图层混合模式、剪贴蒙版等。

图层的上下关系

### 一、图层上下层关系

图层的上下关系，也被称为层叠关系，体现在画面中就是上方的图层会遮盖下方的图层。在【图层】面板中可以清晰地看出图层的上下关系，如图 K1.5.2－1 所示。

图 K1.5.2－1

想改变图层的上下关系，可以直接在【图层】面板中拖动改变图层的位置，还可以选中图层后，通过快捷键来更改图层的上下位置，将图层向下移动一层的快捷键为"Ctrl＋［"，将图层向上移动一层的快捷键为"Ctrl＋］"。

### 二、图层对齐

图层除上下关系外，还有对齐关系。图层的对齐是以图层中像素的边缘为基准的。选中多个图层后，选择【移动工具】，属性栏中将出现"图层对齐"按钮。

对齐的方式有"左对齐""水平居中对齐""右对齐""顶对齐""垂直居中对齐"和"底对齐"。

如果需要将图 K1.5.2－2 中所有方块修改为左对齐，可在【图层】面板中选中对应的图层后，单击属性栏的"左对齐" 按钮，效果如图 K1.5.2－3 所示。

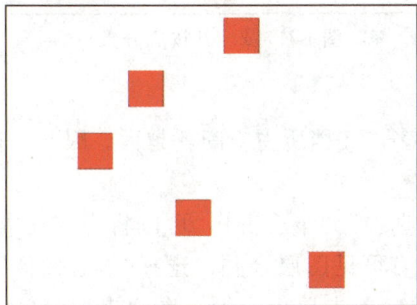

图 K1.5.2－2

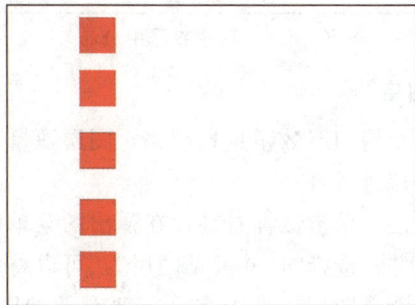

图 K1.5.2－3

左对齐是以图层中最靠左的方块图形为基准进行对齐的，其他对齐方式的原理以此类推。另外，默认的情况下，图层的对齐参考方式是"选区对齐"，即以选中的图层为参考进行对齐；如果需要以画布为参考进行对齐，可以选择"画布对齐"，如图 K1.5.2－4 所示。

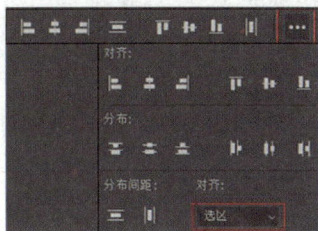

图 K1.5.2－4

　　设置图层分布的方法是：选中需要分布的图层，在属性栏单击"分布"按钮即可。分布的方式共有6种，分别为"按顶分布""垂直居中分布""按底分布""按左分布""水平居中分布"和"按右分布"。"按顶分布"是以各个选中图层图像的顶部为准线，各准线之间距离相同进行分布排列。

　　如图 K1.5.2－5 所示，1 个矩形和 4 个正方形之间的垂直间距各不相同，如果选择"按顶分布"排列方式，所有图形以顶端的矩形的顶部为准线调整各图形之间的间距，效果如图 K1.5.2－6 所示；如果选择"垂直居中分布"，是以各个图形的中部为准线调整各图形之间的间距，效果如图 K1.5.2－7 所示；如果选择"按底分布"，是以各个图形的底部为准线调整个图形之间的间距，效果如图 K1.5.2－8 所示；需要注意的是，如果图中各图形的大小一致，三种垂直或水平分布的效果是一致的。

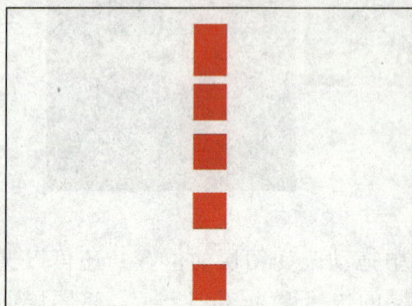

图 K1.5.2－5

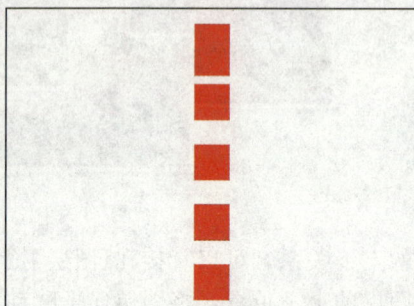

图 K1.5.2－6（按顶分布）

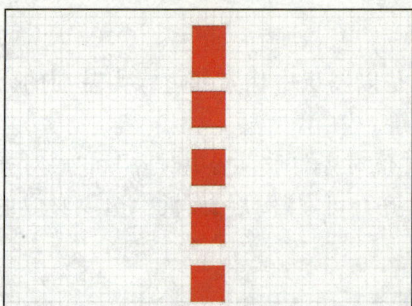

图 K1.5.2－7（垂直居中分布）

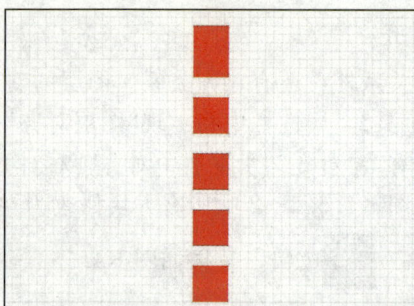

图 K1.5.2－8（按底分布）

### 三、合并图层

　　文档存储大小跟图层数量息息相关，图层数量越多，文档所占空间就越大。因此，在完成设计后，有必要对一些图层进行合并。

　　选中任意图层，单击鼠标右键，在弹出的菜单中选择"向下合并"，可以将当前选中的图层与它下面紧邻的图层合并；选择"合并可见图层"，可以将所有可见图层合并；选择"拼合图像"，可以将所有图层合并为一个背景图层；选中多个需要合并的图层，单击鼠标右键，在弹出的菜单中选择"合并图层"，可以合并多个选中的图层。

### 四、盖印图层

　　如果既想保留图层，又想得到一个合并的效果，可使用盖印图层功能。选中任意图层，然后按快捷键"Ctrl＋Alt＋Shift＋E"，可以在该图层的上方得到一个当前所有图层的合并图层，效果如图 K1.5.2－9 所示。

图 K1.5.2－9

盖印图层可以保留图像当前的制作效果，留存历史记录，常用于在创作平面作品时保留创作过程。

蒙版基础知识

# K1.5.2 蒙　版

### K1.5.2.1　蒙版基础知识

蒙版可以用来遮挡图层中不需要显示的内容，可以用来融合多张图片，可以针对选区进行精细化的调整。熟练掌握蒙版对学习图像合成会有很大的帮助。

#### 一、蒙版的概念和原理

（一）蒙版的概念

蒙版是一种遮罩工具，可以把不需要显示的图像遮挡起来，在【图层】面板中，蒙版显示为一个"黑白板"。

（二）蒙版的分类

蒙版分为图层蒙版、快速蒙版、剪贴蒙版、矢量蒙版和混合颜色带 5 种类型。

下面通过一个简单的案例来认识蒙版。将"风景"素材复制到"电脑屏幕"素材文件中并调整大小和位置。使用【多边形套索工具】基于"电脑屏幕"创建选区，选择"风景"图层并单击添加"图层蒙版"按钮，此时可以看到，"风景"素材嵌入"电脑屏幕"中，同时在该图层旁边有一个黑白图像，这个黑白图像就是蒙版，蒙版的黑色区域将"电脑屏幕"以外的"风景"遮挡住了，效果如图 K1.5.2.1－1 所示。

图 K1.5.2.1－1

（三）蒙版的原理

蒙版有黑、白、灰三种颜色。除了黑与白之外，其他所有颜色在蒙版中都显示为不同灰度值的灰色，通过黑、白、灰控制图像的显示和隐藏。

接下来通过一个案例来剖析蒙版的工作原理。示例文件中有两个图层，分别为上面的黄色图层和下面的绿色图层，其中黄色图层已添加了图层蒙版。通过分析我们可以发现，蒙版中的白色区域表示该图层的对应位置完全显示，黑色区域表示该图层的对应位置完全隐藏，灰色部分表示该图层的对应位置半透明。如图 K1.5.2.1－2 所示。

图 K1.5.2.1－2

接下来我们再来看看蒙版颜色与选区的关系。将黄色图层上的蒙版删除，然后建立一个选区并把它转换成蒙版。可以看到选中的区域在蒙版中是白色的，即显示当前图层中的像素，而没有选中的区域在蒙版中显示为黑色，该区域的像素被完全隐藏，显示出下方图层的颜色。所以在蒙版中，白色表示全选，黑色表示不选，灰色表示部分选中。如图 K1.5.2.1－3 所示。

图 K1.5.2.1－3

## 二、蒙版的作用与优点

（一）蒙版的作用

1. 合成图像

蒙版在修图时常被频繁使用，它可以用于合成多个图像，合成效果不理想时还可以反复修改直至满意。如图 K1.5.2.1－4 所示我们为"栈桥"图层添加了图层蒙版，使其与地球背景完美合成。

图 K1.5.2.1—4

2. 创建复杂选区

蒙版可以用于创建复杂选区，做选区时可以借用多种绘图工具，如画笔、钢笔、选区类工具等。如图 K1.5.2.1—5 所示我们对全图设置了模糊滤镜，然后建立蒙版并用画笔工具创建了人物皮肤的选区，从而实现人物磨皮的效果。

图 K1.5.2.1—5

3. 控制调整层区域

【图层】面板中的【调整层】默认带一个蒙版，用于控制调色命令作用的区域，以实现精细的局部色彩调整。如图 K1.5.2.1—6 所示我们通过对调整层蒙版的编辑，仅对人物区域进行自然饱和度的调整。

图 K1.5.2.1—6

（二）蒙版的优点

被蒙版遮挡的图片的像素并没有遭到破坏，只是被隐藏。通过蒙版可对图片的显隐随时进行修改，即非破坏性编辑。在操作蒙版时，可以使用画笔、渐变等多种工具控制蒙版。此外，通道与蒙版结合可以实现高级的合成效果，如将半透明的婚纱从背景中抠选出来。

图 K1.5.2.1—7

### 三、图层蒙版基础操作

图层蒙版位于【图层】面板，是 5 种蒙版类型中使用率最高的一种。

1. 建立白蒙版/黑蒙版

选中图层，选择【图层】菜单→【图层蒙版】→【显示全部】命令可建立一个白色蒙版，实现当前图层全部显示；选择【图层】菜单→【图层蒙版】→【隐藏全部】命令可建立一个黑色蒙版，实现当前图层全部隐藏。此外，在【图层】面板底部选择【添加图层蒙版】也可以创建一个白蒙版。

2. 从选区建立蒙版

创建一个选区，选择【图层】菜单→【图层蒙版】→【显示选区】命令或在【图层】面板中单击【添加图层蒙版】可创建一个基于选区的白蒙版，该图层选区中的内容显示，其他内容隐藏。

创建一个选区，选择【图层】菜单→【图层蒙版】→【隐藏选区】命令或在【图层】面板中按住"Alt"键单击【添加图层蒙版】可创建一个基于选区的黑蒙版，该图层选区中的内容隐藏，其他内容显示。

3. 删除蒙版

选中蒙版，按"Delete"键可将蒙版删除。

4. 移动蒙版

图层与蒙版之间有链接的情况下是一起调整的。如果想单独调整，取消之间的链接即可。

5. 应用蒙版

在图层蒙版上单击鼠标右键，在弹出的菜单中选择【应用图层蒙版】可以按照图层蒙版的显隐关系将当前图层和蒙版转换为一个普通图层。

6. 停用/启用图层蒙版

在图层蒙版上单击鼠标右键，在弹出的菜单中选择【停用图层蒙版】可以暂时关闭蒙版，此时蒙版上会出现一个红色的×。蒙版被停用后，单击蒙版缩略图可以启用图层蒙版。

7. 载入蒙版选区

在图层蒙版上单击鼠标右键，在弹出的菜单中可以看到三种载入蒙版选区的命令，分别是"添加蒙版到选区""从选区中减去蒙版"和"蒙版与选区交叉"。这里的蒙版与选区的布尔运算都是以白蒙版的区域执行的。

### K1.5.2.2　图层蒙版建立方法

建立图层蒙版的方法除了基于图层建立蒙版和基于选区建立蒙版外，还有其他一些方法，其中最常用的有笔刷法、渐变法和通道法。实际工作中需要熟练掌握各种图层蒙版建立方法。

图层蒙版建立方法

#### 一、建立图层蒙版的两种思路

建立蒙版的思路有两种：一种是先蒙后选，即先创建蒙版、再选择区域；另一种是先选后蒙，即先创建选区，再创建蒙版。

#### 二、建立图层蒙版的常用方法

想用蒙版实现"遮挡、融合、精细化调整"，需要借助多种工具，如选区类工具、画笔工具、渐变工具等。根据使用工具的不同形成建立图层蒙版的不同方法。

（一）选区法

选区法是基于选区创建蒙版，即先建立选区，再创建蒙版。

案例 1：选区法创建图层蒙版

下面通过一个案例来演示如何使用选区法来创建图层蒙版。首先，打开"热气球"素材，然后选择【选择】菜单中的【天空】来建立选区，抠选天空背景；接下来将"天空"素材置入"热气球"文件中，最后给"天空"图层添加基于选区的图层蒙版即可实现更换天空背景的效果。效果如图 K1.5.2.2—1 所示。

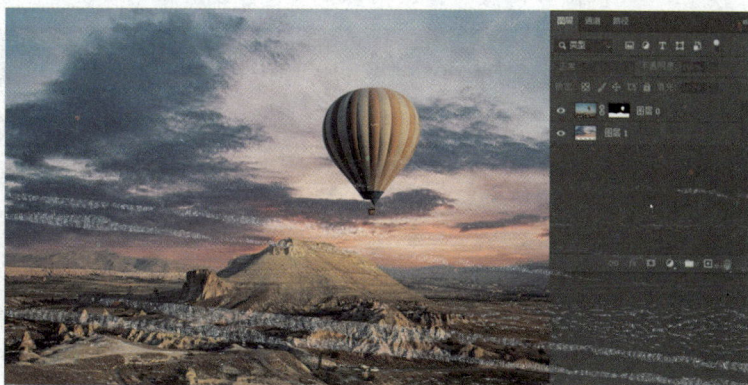

图 K1.5.2.2—1

（二）笔刷法

笔刷法是通过使用黑色或白色【画笔工具】在蒙版中涂抹来控制蒙版，并精准地描绘出显示或隐藏的范围。在使用【画笔工具】涂抹时一定要注意选中的是蒙版（而非图层）。此外，在涂抹时可以根据需求选用不同的画笔"笔刷"和"大小"。如果需要使用灰色画笔的话，一般通过更改黑色画笔的"透明度"和"流量"来进行替代。

案例 2：笔刷法创建图层蒙版

下面通过一个案例来演示如何使用笔刷法来创建图层蒙版。首先打开"石碓"素材，然后置入"风暴"素材并适当更改大小；在"风暴"图层添加图层蒙版，设置前景色为黑色，选择【画笔工具】并适当调整画笔"大小""透明度"和"流量"，在图层蒙版上涂抹形成风暴即将吞没汽车的效果。效果如图 K1.5.2.2—2 所示。

图 K1.5.2.2－2

（三）渐变法

在图层蒙版中创建由黑到白的"渐变"，可以让图片快速、自然地融合起来。渐变的起始位置、结束位置和渐变的长度都会影响融合的效果。如果第一次创建渐变的效果不理想，可以尝试多创建几次。

案例 3：渐变法创建图层蒙版

下面通过一个案例来演示如何使用渐变法来创建图层蒙版。首先打开"春"素材图片，然后依次置入"夏""秋""冬"素材并调整位置形成叠放效果，接下来选中"夏"图层添加"图层蒙版"，然后设置由黑到白的渐变，并沿"夏"与"春"图片的交汇处向"夏"图片方向拖动形成渐变过渡的效果，接下来依次类推制作"夏"与"秋"、"秋"与"冬"的渐变过渡效果，最终形成四季渐变的效果。

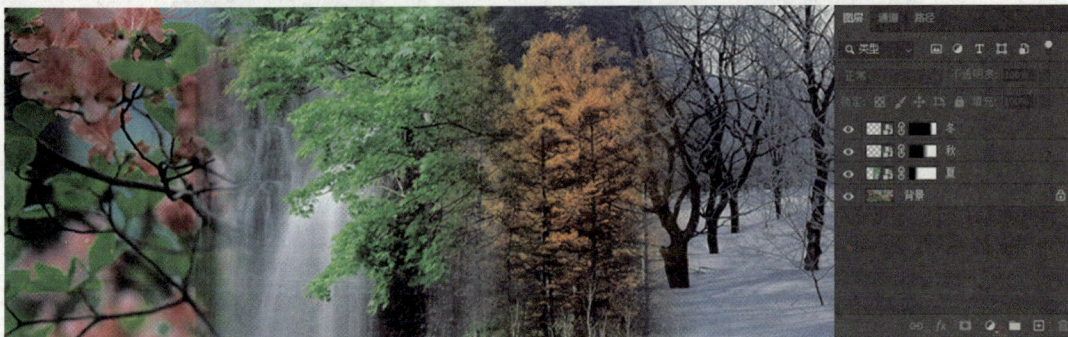

图 K1.5.2.2－3

（四）通道法

使用通道法可以抠选出半透明的图像，如婚纱、水花、火焰等。先利用通道法做半透明选区，再将其应用于蒙版可以实现一些"高级"特效，如婚纱飘出屏幕外的效果。通道的相关知识会在后面的课程中进行系统讲解，这里主要讲解利用通道的颜色信息来创建蒙版的方法。

案例 4：通道法创建图层蒙版

下面通过一个案例来演示如何使用通道法来创建图层蒙版。首先打开"电脑"素材，使用【矩形选框工具】创建电脑屏幕选区，然后置入"人物"素材并建立基于选区的图层蒙版，取消图层与蒙版的关联并更改人物图片的大小和位置，接下来复制"人物"图层并删除蒙版，然后按"Alt"键单击人物图层副本前的眼睛图标，使画面仅显示人物图层副本；接下来进入【通道】面板，选择蓝通道并建立基于通道的选区，然后单击"RGB复合通道"并返回图层面板，建立基于选区的图层蒙版，这样人物婚纱等透明部分就被抠选出来了；最后用笔刷法隐藏婚纱多余部分，实现婚纱飘出屏幕外的效果。如图 K1.5.2.2－4所示。

图 K1.5.2.2－4

案例 5：综合应用创建图层蒙版方法

　　下面通过一个案例综合应用几种方法来创建图层蒙版。首先打开"机窗"素材，置入"白云"素材并调整大小和位置；使用【钢笔工具】建立窗户路径并转换为选区；选择"白云"图层并建立基于选区的图层蒙版；置入"鲸鱼"素材并调整位置和大小；选择"鲸鱼"图层并添加图层蒙版，使用笔刷法隐藏多余部分；置入"水珠"素材并调整位置和大小，选择"水珠"图层并添加图层蒙版，使用笔刷法隐藏多余部分，最终实现多个图像合成的效果。如图 K1.5.2.2－5 所示。

图 K1.5.2.2－5

### K1.5.2.3　其他蒙版建立方法

　　Photoshop 中的蒙版除了最常用的图层蒙版外，还有剪贴蒙版、快速蒙版、矢量蒙版和混合颜色带，这些蒙版都有其特殊的应用领域和效果，在实际工作中需要熟练掌握。

**一、剪贴蒙版**

　　使用剪贴蒙版可以使图层之间实现互相覆盖、镶嵌的效果。

　　（一）剪贴蒙版概述

　　1. 原理：剪贴蒙版至少要有两个图层，上面图层提供显示的内容，下面图层提供显示的形状。

　　2. 分类：剪贴蒙版分为单层剪贴蒙版、多层剪贴蒙版和图层组剪贴蒙版三类。

　　3. 创建方法：选择上方的图层，单击鼠标右键，在弹出的菜单中选择"创建剪贴蒙版"即可实现剪贴蒙版的创建。创建成功后，剪贴蒙版图层的缩略图前会出现一个向下的箭头。

　　4. 取消方法：选择设置了剪贴蒙版的图层，单击鼠标右键，在弹出的菜单中选择"释放剪贴蒙版"

其他蒙版建立方法

即可实现剪贴蒙版的取消。

（二）单层剪贴蒙版

单层剪贴蒙版概述

单层剪贴蒙版只有两个图层，上面图层是剪贴蒙版图层，提供显示的内容，下面图层是被剪贴的图层，提供显示的形状。

案例1：单层剪贴蒙版

下面通过一个案例来讲解使用单层剪贴蒙版制作文字嵌套图案的效果。打开"文本"素材文件，导入"风景"素材图片并调整好位置和大小，在"风景"图层上单击鼠标右键，在弹出的菜单中选择"创建剪贴蒙版"即可实现文字嵌套图案的效果，如图 K1.5.2.3－1 所示。

图 K1.5.2.3－1

（三）多层剪贴蒙版

1. 多层剪贴蒙版概述

多层剪贴蒙版的剪贴蒙版图层有多个，共同作用于被剪贴蒙版图层，以提供要显示的内容。注意：多层剪贴蒙版图层存在层叠关系，上方的图层会遮盖下方的图层。

2. 创建方法

在单层剪贴蒙版的基础上，创建新图层并单击鼠标右键，在弹出的菜单中选择"创建剪贴蒙版"，实现多层剪贴蒙版。

案例2：多层剪贴蒙版

下面通过一个案例来讲解多层剪贴蒙版的应用。打开"文本"素材文件，置入"渐变"素材图片，在渐变图层上单击鼠标右键，选择"创建剪贴蒙版"，创建单层剪贴蒙版。置入"牡鹿"素材图片并调整其大小和位置，在该图层上单击鼠标右键，选择"创建剪贴蒙版"，创建多层剪贴蒙版，效果如图 K1.5.2.3－2 所示。

图 K1.5.2.3－2

— 172 —

(四)图层组剪贴蒙版

1. 图层组剪贴蒙版概述

图层组剪贴蒙版的被剪贴部分是图层组，由图层组提供需要显示的形状。

2. 创建方法

在图层组上方建立新图层，选择该图层后单击鼠标右键，在弹出的菜单中选择"创建剪贴蒙版"，即可实现图层组剪贴蒙版。

案例3：图层组剪贴蒙版

下面通过一个案例来学习图层组剪贴蒙版的应用。打开"文本"素材文件，选中"花""好""月""圆"四个图层，按"Ctrl＋G"创建图层组并重命名为"花好月圆"，置入"渐变"素材图片，在渐变图层上单击鼠标右键，在弹出的菜单中选择"创建剪贴蒙版"，即可实现花好月圆文本渐变的效果，如图K1.5.2.3－3所示。

图 K1.5.2.3－3

二、快速蒙版

1. 目的

快速蒙版可以将任何选区作为蒙版进行编辑，其优点是可以使用画笔、橡皮擦等工具自由修改蒙版，即自由修改选区。

2. 使用方法

快速蒙版的使用方法是在【工具】面板中单击"以快速蒙版模式编辑"  按钮，进入快速蒙版模式，使用【画笔】、【橡皮擦】等工具进行编辑，在【工具】面板中单击"以标准模式编辑"  按钮退出快速蒙版模式，即可生成选区。

需要注意的是在快速蒙版模式中，红色区域代表非选区，红色以外的区域代表选区；白色画笔表示添加到选区，黑色画笔表示从选区减去或非选区；橡皮擦的作用与画笔相反。

案例4：快速蒙版

下面通过一个案例来学习快速蒙版的应用。打开"人像"素材，进入"快速蒙版模式"，"前景色"设为"黑色"，选择适当大小的画笔涂抹除人物皮肤以外的区域，退出"快速蒙版模式"，发现人物皮肤被选中了，添加【色相/饱和度】调整层，形成针对人物皮肤选区的调整层蒙版，增加"饱和度"和"明度"数值，调整人物皮肤的色调，最终效果如图K1.5.2.3－4所示。

图 K1.5.2.3－4

### 三、矢量蒙版

**1. 概念**

矢量蒙版是基于矢量图形的蒙版，也称路径蒙版，与图层蒙版的功能是一样的，都可以起到对图层内容的遮挡作用。

**2. 矢量蒙版与图层蒙版的区别**

(1)图层蒙版是通过像素来控制图层的显示区域，矢量蒙版是通过路径来控制图层的显示区域。

(2)图层蒙版使用的是画笔、渐变等非矢量工具进行编辑；矢量蒙版使用的是钢笔、形状等矢量工具进行编辑。

(3)在图层蒙版中黑色表示遮挡当前图层，白色表示显示当前图层；在矢量蒙版中，灰色表示遮挡当前图层，白色表示显示当前图层。

**3. 创建方法**

(1)第一次单击【图层】面板下方的"添加蒙版"按钮创建图层蒙版，再次单击该按钮则创建矢量蒙版。注意：在已有图层蒙版的前提下，点击"添加蒙版"按钮，将添加矢量蒙版。

(2)按住"Ctrl"键点击【图层】面板的"添加蒙版"按钮，即可创建一个矢量蒙版。

(3)选择【图层】菜单→【矢量蒙版】→【显示全部】，可以创建矢量白蒙版，即显示当前图层全部内容；选择【图层】菜单→【矢量蒙版】→【隐藏全部】，可以创建矢量灰蒙版；相当于图层蒙版中的黑蒙版，即隐藏当前图层全部内容。

(4)当前有矢量路径时，选择【图层】菜单→【矢量蒙版】→【当前路径】，就会基于当前路径创建矢量蒙版，显示当前图层中路径范围内的区域。

**4. 矢量蒙版的编辑**

只能使用矢量相关的工具，如钢笔工具、形状工具、直接选择工具、路径选择工具等对矢量蒙版进行编辑。通过在矢量蒙版上单击鼠标右键，选择"栅格化矢量蒙版"，将矢量蒙版转换为图层蒙版。

案例 5：矢量蒙版

下面通过一个案例来学习矢量蒙版的应用。打开"小孩"素材文件，选择【多边形工具】设置属性栏中的："模式"为"路径"、"星形比例"为"70％"、"边数"为"5"、"圆角半径"为"20 像素"，在画布适当位置绘制星形路径，选择【图层】菜单→【矢量蒙版】→【当前路径】，添加基于星形路径的矢量蒙版，根据实际情况，可以使用【路径选择工具】调整星形路径的位置，使用【移动工具】调整图片的位置，完成星形人像照片的效果，如图 K1.5.2.3－5 所示。

图 K1.5.2.3—5

### 四、混合颜色带

**1. 概念**

混合颜色带是一种特殊的高级蒙版，位于【图层】面板→【图层样式】→【混合选项】中，其功能类似于图层蒙版，混合颜色带不会改变像素，但是可以遮挡图片上不需要显示的部分。图层蒙版、剪贴蒙版和矢量蒙版都只能隐藏当前图层中的像素，而混合颜色带不仅可以隐藏当前图层中的像素，还可以使下面图层中的像素穿透上面的图层显示出来。

**2. 原理**

在混合颜色带中，本图层滑块和下一图层滑块下面各有一个渐变条，它们代表了图像的亮度范围，从 0（黑）到 255（白）。拖动黑色滑块，可以定义亮度范围的最低值，控制图层中暗部的显示和隐藏；拖动白色滑块，可以定义亮度范围的最高值，控制图层中亮部的显示和隐藏。按住"Alt"键，单击一个滑块，它就会拆分成两个三角形，调整分开后的两个三角形滑块，可以创建半透明的过渡区域。如图 K1.5.2.3—6 所示。

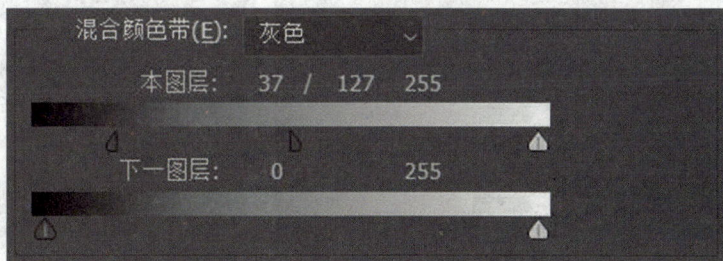

图 K1.5.2.3—6

案例 6：混合颜色带

下面通过一个案例来学习混合颜色带的应用。打开"背景"素材文件，置入"白云"素材图片，使用【套索工具】选取"白云"图片中的白云部分建立选区，按快捷键"Ctrl＋J"建立基于选区的新图层并更名为"白雪"，删除"白云"图层，在"白雪"图层上单击鼠标右键，在弹出的菜单中选择"混合选项"，将"混合颜色带"中"下一图层"的黑色滑块向右拖动并进行拆分，使"背景"图层中的暗部区域显示出来，将"白雪"图层的"混合模式"改为"滤色"，产生白雪覆盖的效果，最终效果如图 K1.5.2.3—7 所示。

图 K1.5.2.3－7

通道

## K1.5.3　通　道

### 一、认识通道

通道用来呈现图像的色彩信息和选区信息，【通道】面板位于【图层】面板旁边。打开一张图片，【通道】面板会显示默认的通道构成。此外，执行【图像】菜单→【模式】命令更改图片的颜色模式，其通道也会发生相应的变化。以 RGB 模式为例，【通道】面板中有一个名为 RGB 的通道和分别名为红、绿、蓝的 3 个通道。如图 K1.5.3－1 所示。

图 K1.5.3－1

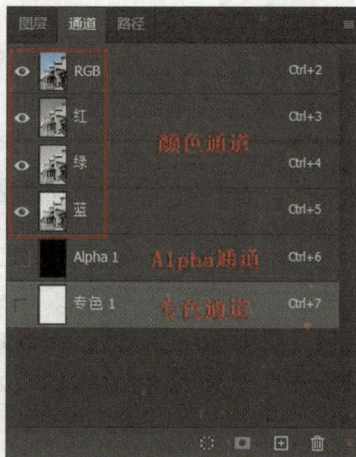

图 K1.5.3－2

通道有 3 种类型——颜色通道、Alpha 通道和专色通道。颜色通道用来存储图片的颜色信息。以 RGB 图片为例，所有的颜色信息都被分类存储在红、绿、蓝 3 个通道中，这 3 个通道也被称为单色通道，调整某一单色通道的影调（如色阶），图像的颜色会进行调整，所以单色通道常用来调色。在【通道】面板最上方还有一个 RGB 通道，这是复合通道，复合通道显示的是红、绿、蓝通道组合在一起的效果，即图片的真实效果，复合通道也是一种颜色通道。单击【通道】面板下方的"创建新通道" 🔲 按钮可以新建一个 Alpha 通道，它可以用来创建、编辑和保存选区。单击【通道】面板右上角的"菜单" ☰ 按钮，可在菜单中选择【新建专色通道】，创建专色通道。专色通道用于制作印刷和专色版。如图 K1.5.3－2 所示。

### 二、通道的操作

**1. 新建通道**

单击【通道】面板底部的"创建新通道"按钮即可创建一个名为"Alpha"的黑色通道，黑色通道表示通道中没有任何信息。新建通道只能新建 Alpha 通道，用于创建和编辑选区信息。单击 Alpha 通道，图片将变成黑色，颜色通道会自动隐藏。在 Alpha 通道中用白色画笔涂抹，将 Alpha 通道转换为选区时，白色画笔涂抹的区域会呈现为选中状态。

**2. 复制通道**

将一个单色通道或 Alpha 通道拖拽至"创建新通道"按钮上即可复制出一个通道，复制的通道均为 Alpha 通道，只包含选区信息，不包含颜色信息。图片的颜色信息仅存储于单色通道中。

**3. 删除通道**

将某个通道拖拽至"删除通道" 🗑 按钮上即可删除一个通道。删除一个 Alpha 通道不会对图片的像素造成任何影响，删除一个单色通道会使图片的颜色发生变化，如删除一个蓝通道，图片会因为缺少蓝色而变得不正常。

**4. 激活通道**

单击某个通道可将其激活，图片会呈现出该通道的样子。如果要回到【图层】面板进行编辑，应先单击复合通道，将复合通道激活，否则图层将无法编辑。

**5. 隐藏通道**

单击通道前面的"通道可见性" 👁 按钮可以控制通道的显示和隐藏。

**6. 将选区存储为通道**

绘制完选区后，在【通道】面板底部单击"将选区存储为通道" ⬚ 按钮可以将选区存储为通道。

**7. 将通道转换为选区**

将通道拖拽至【通道】面板底部的"将通道作为选区载入" ⬚ 按钮可以将通道转换为选区。

### 三、通道的原理

选区、通道和蒙版原理相通，在实际应用中也经常会互相转换。接下来我们将学习通道与颜色、选区、蒙版之间的关系

**1. 通道与颜色的关系**

通道用黑、白、灰来表示不同的颜色强度。

RGB 颜色通道中黑色表示颜色最少，白色表示颜色最多，灰色介于两者之间。白色在红、绿、蓝通道中显示的都是白色。以 RGB 图片的蓝通道为例，图片中蓝色比较多的地方在蓝通道中显示为比较亮的颜色（白），图片中蓝色比较少的地方在红通道中显示为比较暗的颜色（黑）。另外，图片中白色或偏白色的地方在蓝通道中也显示比较亮的颜色（白），因为白色在红、绿、蓝通道中显示的都是白色。如图 K1.5.3—3 所示。

图 K1.5.3—3

CMYK 的颜色通道与 RGB 相反，黑色表示颜色多，白色表示颜色少。

2. 通道与选区的关系

对于选区来说，无论是通道还是蒙版，白色对应全选，黑色对应不选，灰色对应部分选区。

对于通道来说，因为 RGB 和 CMYK 颜色通道中表示颜色信息多少的方法相反，RGB 通道中白色表示信息多，CMYK 通道中黑色表示信息多。因此，不同的颜色通道所生成的选区不同。在 RGB 图片的通道中，将红通道拖拽至"将通道作为选区载入" 按钮，可以看到，图片中红色的挡板为选中状态，车身因为没有红色所以呈现为不选状态。如图 K1.5.3—4 所示。

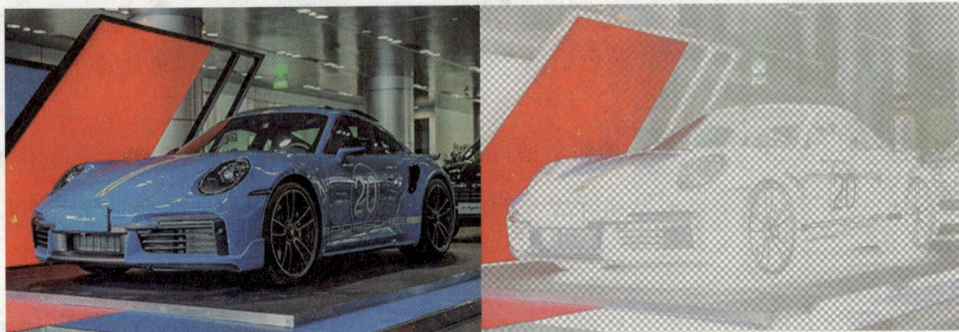

图 K1.5.3—4

在 CMYK 图片的通道中，将红通道拖拽至"将通道作为选区载入"按钮，可以看到，图片中红色的挡板为未选中状态，因为 CMYK 通道中黑色表示信息多，对应不选。如图 K1.5.3—5 所示。

图 K1.5.3—5

3. 通道与蒙版的关系

通道用黑、白、灰表示颜色分布，蒙版用黑、白、灰表示显示和隐藏。

在【图层】面板中建立一个图层蒙版时，通道中会自动生成一个对应的 Alpha 通道。因此，图层蒙版可以归为通道的一种。此外，切换为快速蒙版模式时，【通道】面板中也会出现一个临时的 Alpha 通道，退出快速蒙版模式时，【通道】面板中的临时 Alpha 通道会消失。由此可见，快速蒙版也可以理解为一种通道。

## 四、通道的应用

通道抠图案例

下面通过一个典型案例讲解通道的实际应用。

气泡、火焰、水等素材很难通过常规的抠图方法抠选，这时候就需要借助通道进行抠图，具体方法如下：

（1）复制红通道并用色阶增强对比

打开"水泡"素材文件，复制一份红色通道，然后将复制出来的 Alpha 通道用色阶增强对比度。增强对比度是为了让通道中的黑白关系更分明，使通道转为选区时，选区更干净。

（2）载入选区并根据选区建立新图层

将红色通道副本转换为选区，选择复合通道并切换回【图层】面板，按快捷键"Ctrl＋J"基于选区建立新图层，水泡就被抠选出来了。对于边缘复杂且主体与背景之间存在半透明混合关系的图片来说，这种抠图方法非常有效。

（3）合成并调整细节

将抠选好的水泡素材置入"海底"素材文件中，复制"水泡"图层并进行适当调整，营造出海底水泡升腾的效果，如图 K1.5.3－6 所示。

图 K1.5.3－6

# K1.5.4　图层样式

混合选项

## K1.5.4.1　混合选项

混合选项在"图层样式"面板中，可以调节图层的透明度及图层之间像素混合的效果。主要包括 3 项内容：常规混合、高级混合和混合颜色带。如图 K1.5.4.1－1 所示。

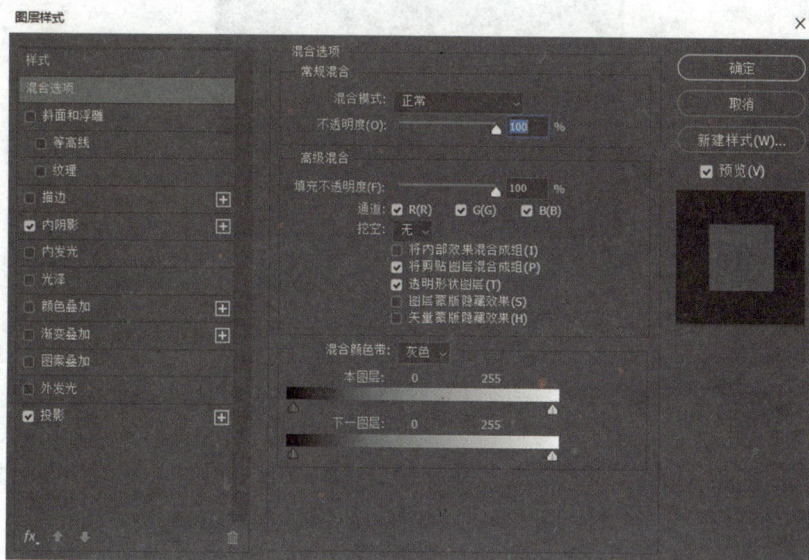

图 K1.5.4.1－1

---

179

### 一、常规混合

常规混合包括"混合模式"和"不透明度"，这是经常会用到的两个选项。这两个选项可以在【图层】面板中设置。在"图层样式"对话框中设置"混合模式"和调整"不透明度"时，【图层】面板中的这两个选项也会同步发生变化。

### 二、高级混合

高级混合包括填充不透明度、通道、挖空和分组混合四种选项。

1."填充不透明度"选项

"图层样式"对话框中的"填充不透明度"和【图层】面板上的"填充"选项是一样的。"填充不透明度"会影响图层内容和图层样式，而"填充"仅影响图层内容，不会影响图层样式。

2."通道"选项

"通道"选项的作用是将混合选项限定在指定的通道内，没有被勾选的通道将排除在外，默认情况下系统会勾选所有通道。通道选项还跟图像的颜色模式有关，当图像的颜色模式是 RGB 时，通道选项只有 3 个。如果是 CMYK 颜色模式，通道选项就会变为 4 个。

3."挖空"选项

"挖空"主要是用上方图层的形状来显示与下方图层混合后的内容。在默认情况下，"挖空"选项为"无"，即没有任何特殊效果，它是通过选择"深"或"浅"选项来决定目标图层及其效果是如何穿透的。

在使用"挖空"选项的时候需要满足两个条件：一是该图层设置了图层混合模式或调整了图层的填充，如果图层混合模式为正常，填充为 100%，在设置"挖空"选项时图层没有任何效果；二是文件必须包含 3 个以上的图层。第 1 个图层是需要挖掉的图层，即目标图层；第 2 个图层是需要穿透的图层；第 3 个图层是需要被显示的图层。如图 K1.5.4.1－2。

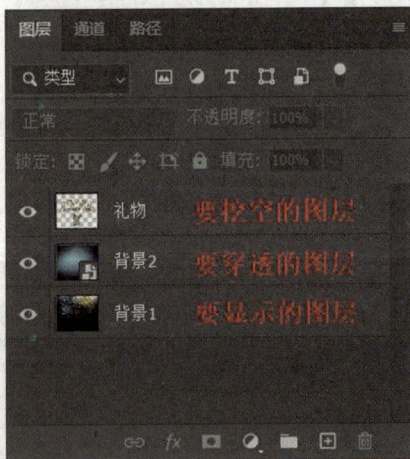

图 K1.5.4.1－2

案例："挖空"的基本规则

打开"挖空－浅"素材文件，选择"礼物"图层，打开图层"混合选项"，该图层默认的混合模式为正常，填充为 100%，在设置"挖空"选项时图层没有任何效果，如图 K1.5.4.1－3 所示；将"礼物"图层的混合模式设置为"滤色"，"挖空"设置为"浅"，可以看到"礼物"图层穿透"背景 2"图层与"背景"图层进行滤色混合，如图 K1.5.4.1－4 所示；再将填充设置为"0%"，这时"礼物"图层的颜色就被隐藏了，而完全显示背景图层的内容，如图 K1.5.4.1－5 所示；如果将背景层删掉，"礼物"图层的挖空效果则会变为透明，如图 K1.5.4.1－6 所示。需要注意的是，挖空效果的显示图层必须是背景图层，不能是普通图层。

图 K1.5.4.1—3

图 K1.5.4.1—4

图 K1.5.4.1—5

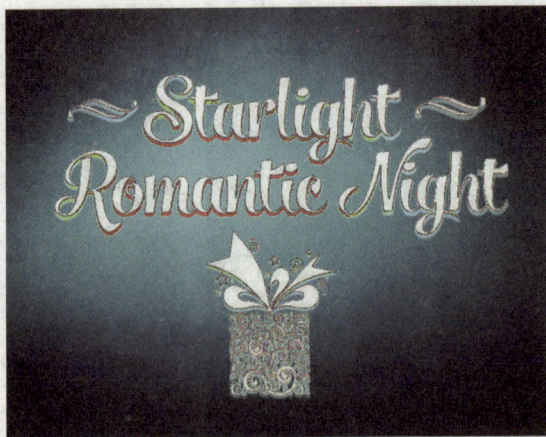

图 K1.5.4.1－6

如果【图层】面板中不含图层组，设置挖空的"深"或"浅"选项时，所得到的效果一致，如图 K1.5.4.1－7 所示。只有【图层】面板中包含图层组时，选择"深"和"浅"选项的结果才能看出区别。打开"挖空－深"素材文件，选择"礼物副本"图层，将"挖空"设置为"浅"，"填充"设置为"0％"，可以看到它穿透"背景 3"而显示"背景 2"的内容，如图 K1.5.4.1－8 所示。如果将"挖空"设置为"深"，当前图层直接穿透所有中间图层，显示背景层的内容，如图 K1.5.4.1－9 所示，这就是挖空的"深"和"浅"选项的区别。

图 K1.5.4.1－7

图 K1.5.4.1－8

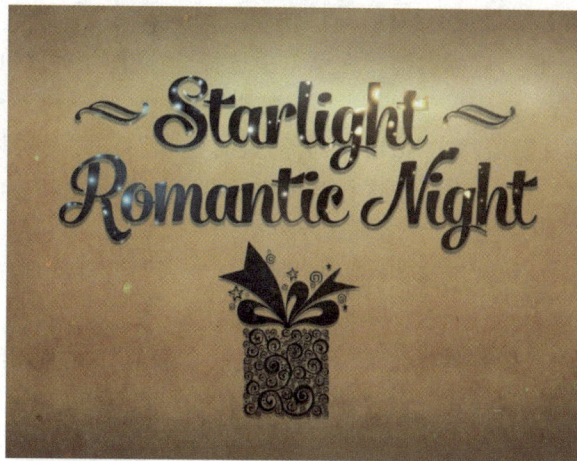

图 K1.5.4.1—9

4."分组"选项

分组混合选项的作用是限定混合效果的作用范围，它包括"将内部效果混合成组""将剪贴图层混合成组""透明形状图层""图层蒙版隐藏效果"和"矢量蒙版隐藏效果"。"将内部效果混合成组"选项用于控制内阴影、内发光等内部效果的显隐，默认情况下该选项是未被勾选的状态。"将剪贴图层混合成组"选项主要用于控制剪贴蒙版和基底图层的混合属性。基底图层是指剪贴蒙版作用的下方的图层，默认情况下该选项是被勾选的状态。"透明形状图层"选项是指将图层混合效果和挖空选项限制在不透明区域，默认情况下该选项是被勾选的状态。如果取消勾选"透明形状图层"选项，那么图层混合效果和"挖空"选项将作用在整个图层上。"图层蒙版隐藏效果"和"矢量蒙版隐藏效果"这两个选项用于控制蒙版区域内图层效果的显隐，只是作用对象不同。

### K1.5.4.2　图层样式

#### 一、图层样式概述

1. 定义

图层样式是 Photoshop 中的一项图层处理功能，可以为图层中的对象制作出各种立体、质感和光影效果。

图层样式

2. 范围

图层样式可以被应用于各种普通的、矢量的和特殊属性的图层上，几乎不受图层类别的限制。图层样式不能用于背景图层和被锁定的图层。

3. 优点

图层样式基于图层内容，无论图层内容怎样改变，图层样式都会跟着图层内容发生变化。图层样式的选项非常丰富，通过不同选项及参数的搭配，可以创作出变化多样的图像效果。可以为一个图层应用多种图层样式，也可以从一个图层复制图层样式，然后粘贴到另一个图层。

#### 二、图层样式操作

1. 添加图层样式

首先选中要添加样式的图层，然后单击【图层】面板上的"添加图层样式"按钮，最后从列表中选择图层样式，然后根据需要设置参数即可。

2. 拷贝粘贴图层样式

选中已添加样式的图层，单击鼠标右键，在菜单中选择"拷贝图层样式"，选中需要粘贴样式的图层，单击鼠标右键，在菜单中选择"粘贴图层样式"即可。

3. 清除图层样式

选中已添加样式的图层，单击鼠标右键，在菜单中选择"清除图层样式"即可。

4. 预设图层样式

在【图层】面板上单击"添加图层样式"按钮，选择"混合选项"打开"图层样式"对话框，单击左上角的"样式"按钮打开"预设样式"窗口，在其中选择某种样式即可直接应用相应的效果。

5. 更改图层样式

双击已添加样式的图层上的样式图标，在打开的"图层样式"对话框中更改参数即可。

6. 新建图层样式

为图层添加样式后，单击鼠标右键，在菜单中选择"混合选项"，在弹出的"图层样式"对话框中选择"新建样式"，可以在当前设置的样式上创建新的预设样式，以后可以在预设样式中找到新建的样式。

7. 删除图层样式

在"预设样式"窗口中选择某个样式，单击鼠标右键，在菜单中选择"删除样式"即可。

8. 导入图层样式

在"预设样式"窗口右上角的菜单中选择"导入样式"命令可以导入外部样式文件。

9. 导出图层样式

在"预设样式"窗口右上角的菜单中选择"导出样式"命令可以将当前选中的样式导出为样式文件。

### 三、自定义图层样式

1. 斜面和浮雕

斜面和浮雕将为图层添加高亮显示和阴影的各种组合效果。有等高线和纹理两个子样式。

外斜面：沿对象、文本或形状的外边缘创建三维斜面。

内斜面：沿对象、文本或形状的内边缘创建三维斜面。

浮雕效果：创建外斜面和内斜面的组合效果。

枕状浮雕：创建内斜面的反相效果，其中对象、文本或形状看起来下沉。

描边浮雕：只适用于描边对象，即在有描边效果时才能使用描边浮雕。

案例1：斜面和浮雕图层样式

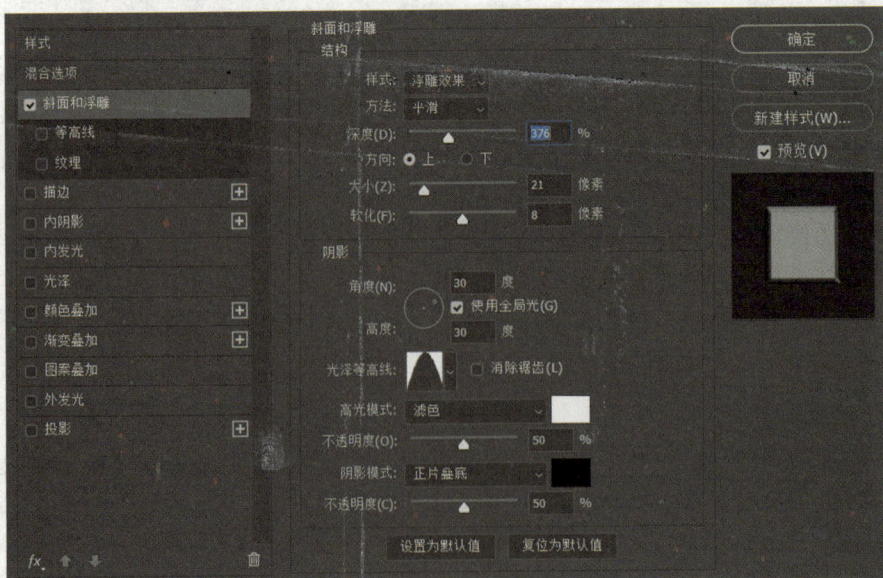

图 K1.5.4.2－1

打开"霓虹灯背景"素材文件，在画布上输入相应的文本，添加"斜面和浮雕"图层样式，如图 K1.5.4.2－1 所示，拷贝图层样式并在第二行文本图层上粘贴图层样式，最终效果如图K1.5.4.2－2 所示。

图 K1.5.4.2－2

2. 描边

使用纯色、渐变颜色或图案描绘当前图层上的对象、文本或形状的轮廓，对于边缘清晰的形状（如文本），这种效果尤其有用。

案例 2：描边图层样式

添加"描边"图层样式，如图 K1.5.4.2－3 所示，最终效果如图 K1.5.4.2－4 所示。

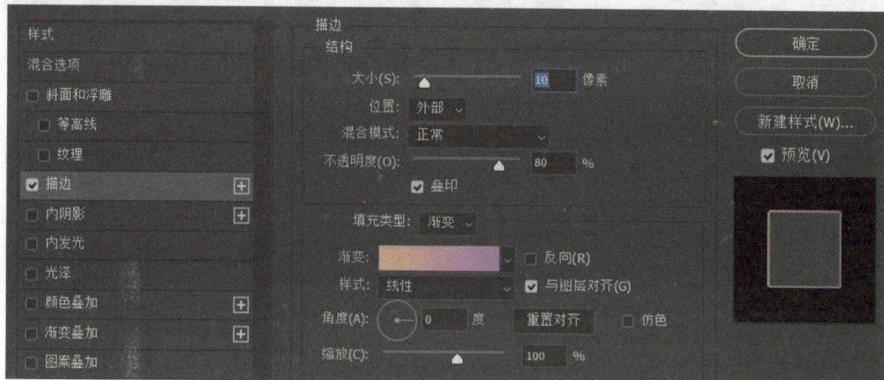

图 K1.5.4.2－3

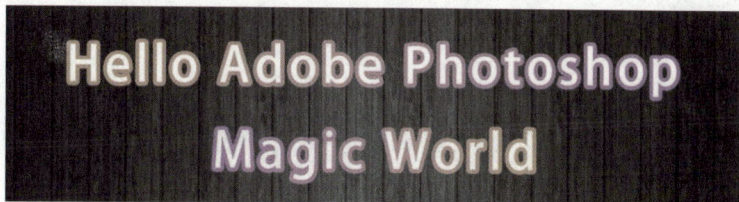

图 K1.5.4.2－4

3. 内阴影

在对象、文本或形状的内边缘添加阴影，让图像产生一种凹陷外观，内阴影样式对文本对象效果更佳。

4. 内发光

从图层对象、文本或形状的边缘向内添加发光效果，内发光图层样式往往与外发光一起使用，使应用对象变为发光体。

5. 光泽

对图层对象内部应用阴影，与对象的形状互相作用，通常创建规则波浪形状，产生光滑的磨光及金属效果。

6. 颜色叠加

在图层对象上叠加一种颜色，即用一层纯色填充到应用样式的对象上，单击"设置叠加颜色"，从"拾色器"对话框中选择任意颜色，设置颜色叠加。

**7. 渐变叠加**

在图层对象上叠加一种渐变颜色，即用一层渐变颜色填充到应用样式的对象上，通过"渐变编辑器"还可以选择使用其他的渐变颜色。

案例 3：渐变叠加图层样式

添加"渐变叠加"图层样式，如图 K1.5.4.2—5 所示，最终效果如图 K1.5.4.2—6 所示。

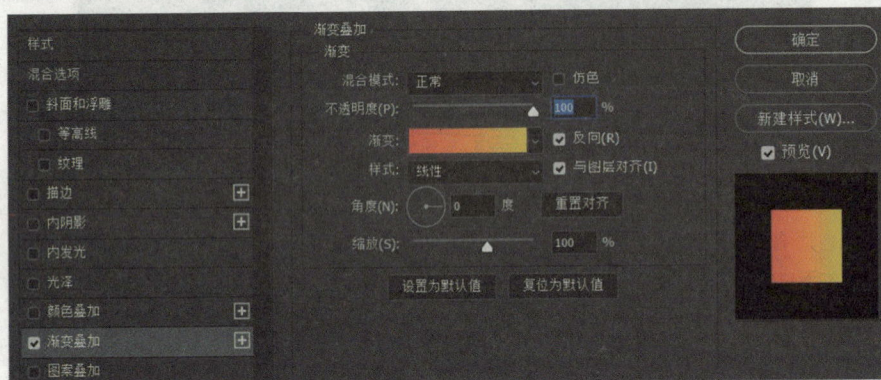

图 K1.5.4.2—5

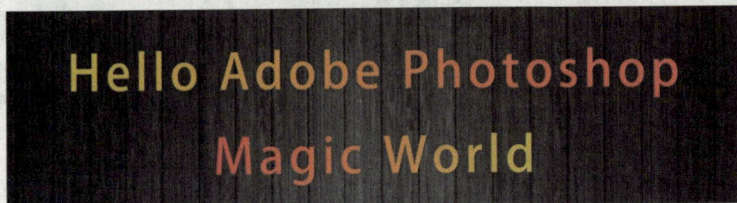

图 K1.5.4.2—6

**8. 图案叠加**

在图层对象上叠加图案，即用一致的重复图案填充对象。从"图案"下拉列表中可以选择其他的图案。

案例 4：图案叠加图层样式

添加"图案叠加"图层样式，效果如图 K1.5.4.2—7 所示。

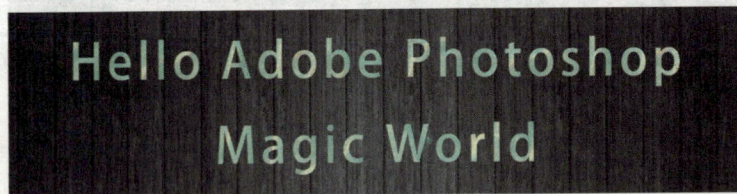

图 K1.5.4.2—7

**9. 外发光**

从图层对象、文本或形状的边缘向外添加发光效果。设置参数可以让对象、文本或形状更加精美。

案例 5：外发光图层样式

为文本图层添加"内发光"和"外发光"图层样式，如图 K1.5.4.2—8 所示，最终效果如图 K1.5.4.2—9 所示。

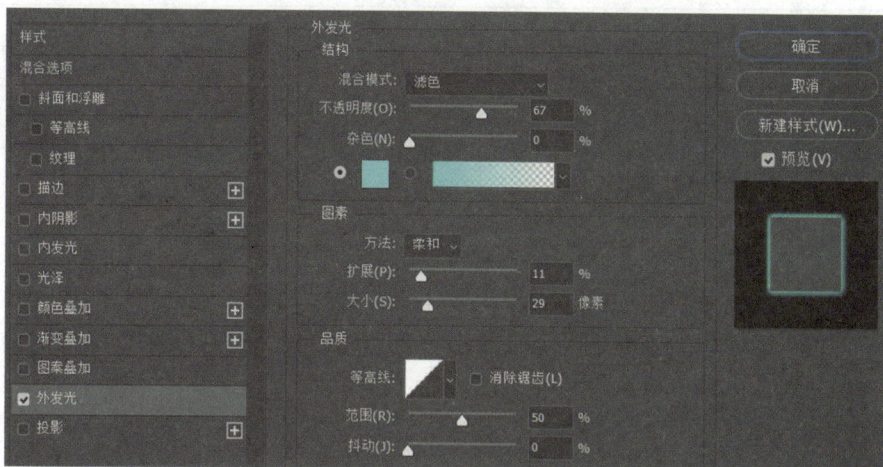

K1.5.4.2－8

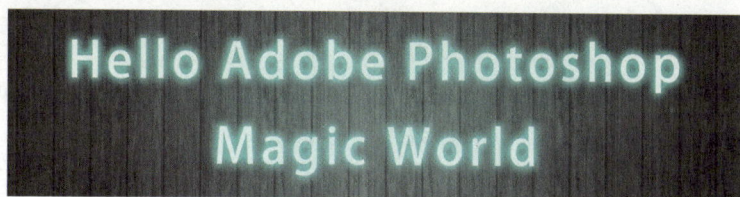

K1.5.4.2－9

10. 投影

为图层上的对象、文本或形状添加阴影效果。投影参数由"混合模式""不透明度""角度""距离""扩展"和"大小"等各种选项组成，通过对这些选项的设置可以得到需要的效果。

## K1.5.5　图层混合模式

图层混合模式

### 一、图层混合模式概述

图层间除了位置关系，还存在混合关系，这个混合关系指的就是图层的混合模式。图层混合模式指的是上下两个图层通过 Photoshop 内部的算法运算，从而实现一种特定的显示效果，且图层的像素不会发生变化。使用图层混合模式可以让两个图层混合在一起，这要求文档中至少存在两个图层。

在图层混合模式为"正常"的情况下，两个图层的重叠部分，在工作区中只能看到位于上方的图层，如图 K1.5.5－1 所示。如果更改上方图层的图层混合模式，将会呈现不同的效果。如将上方图层的混合模式修改为"正片叠底"，混合效果如图 K1.5.5－2 所示。

图 K1.5.5－1

图 K1.5.5－2

图层混合模式位于【图层】面板，有很多选项，这些选项可以通过分组进行理解和记忆，分组和对应名称如表所示。其中较常用的是变暗组、变亮组和对比组。

| 1. 无名组 | 正常、溶解 |
| --- | --- |
| 2. 变暗组 | 变暗、正片叠底、颜色加深、线性加深 |
| 3. 变亮组 | 变亮、滤色、颜色减淡、线性减淡 |
| 4. 对比组 | 叠加、柔光、强光、亮光、线性光、点光、实色混合 |
| 5. 比较组 | 差值、排除 |
| 6. 色彩组 | 色相、饱和度、颜色、亮度 |

图层混合模式有 3 个术语：基色、混合色和结果色。基色指当前图层之下的图层的颜色；混合色指当前图层的颜色；结果色指混合后得到的颜色。

### 二、图层混合模式案例

图层混合模式有很多，下面将着重讲解几个常用的混合模式。

#### 1. 正片叠底

正片叠底指的是上下两个图层通过混合变得更暗，同时色彩更加饱和。

以图 K1.5.5－3 为例，复制背景图层，然后将复制的图层的图层混合模式修改为"正片叠底"。这时可以看到图像变暗了，同时色彩更加饱和，效果如图 K1.5.5－4 所示。

K1.5.5－3            K1.5.5－4

在正片叠底模式下，白色与任何颜色混合时都会被替换，黑色跟任何颜色混合时都会变成黑色，因此这个功能还经常用于去除一些图层的白色部分，如抠选像毛笔字等边缘复杂的白底素材，效果如图 K1.5.5－5 所示。

图 K1.5.5－5

## 2. 变亮

"变亮"模式与"变暗"模式产生的效果相反。选择基色或混合色中较亮的颜色作为结果色。基色比混合色暗的像素保持基色不变，比混合色亮的像素显示为混合色，用黑色过滤时颜色保持不变。

案例 1：变亮图层混合模式

打开"夜晚"素材，添加"色阶"调整层，使夜晚图片变暗一些，置入"星空"素材图片，添加并编辑"图层蒙版"使星空与背景很好地融合，选中"星空"图层，将其图层混合模式改为"变亮"，效果如图 K1.5.5—6 所示。

图 K1.5.5—6

## 3. 滤色

"滤色"模式是将混合色的互补色与基色复合，结果色较亮的颜色，通过混合上下两个图层，整体变得更亮，产生一种漂白的效果。"滤色"模式与"正片叠底"模式产生的效果相反。在滤色模式下，如果混合的图层中有黑色，黑色将会消失，因此这个模式也通常用于去除图层中深色的部分，如抠选烟花、光晕等黑底或深色底素材。

案例 2：滤色图层混合模式

打开"夜晚"素材图片，将"礼花"图片置入文档，选中"礼花"图层，将其图层混合模式修改为"滤色"，添加并编辑图层蒙版使礼花与背景很好地融合，复制"礼花"图层，垂直翻转图层并适当调整其不透明度，即可得到如图 K1.5.5—7 所示的效果。

图 K1.5.5—7

#### 4. 叠加

"叠加"模式是"正片叠底"模式和"滤色"模式的一种混合模式。该模式是将混合色与基色相互叠加，也就是说底层图像控制着上面的图层，可以使之变亮或变暗。比基色暗50%的区域将采用"正片叠底"模式变暗，比基色亮50%的区域则采用"滤色"模式变亮。

案例3：叠加图层混合模式

打开"山峦"素材图片，置入"天空"素材，选择"天空"图层，将其图层混合模式改为"叠加"，添加并编辑图层蒙版，使天空与背景很好地融合，效果如图K1.5.5－8所示。

图K1.5.5－8

#### 5. 柔光

柔光指的是上层图像中亮的部分会导致最终效果变得更亮，而上层图像中暗的部分会导致最终效果变得更暗。"柔光"模式的效果与发散的聚光灯照在图像上相似。

案例4：柔光图层混合模式

打开"人物"素材，复制"人物"图层，添加"蒙尘与划痕"滤镜进行人物皮肤磨皮，盖印图层后再次添加"蒙尘与划痕"滤镜进行人物五官和面部轮廓磨皮，新建一个图层，填充"白色"，将该图层的混合模式改为"柔光"，不透明度设为"50%"，按住"Alt"键添加图层蒙版，使用白色画笔编辑蒙版，使人像皮肤美白，这种操作方式叫"柔光画笔"，然后盖印出两个图层，将第二个盖印图层的混合模式改为"柔光"，在柔光模式下使用同图叠加可以提升图像的饱和度。最终效果如图K1.5.5－9所示。

图K1.5.5－9

#### 6. 颜色

"颜色"模式特点是将当前图像的色相和饱和度应用到底层图像中，并保持底层图像的亮度。"颜色"模式可以保留图像中的灰阶，并且对于给单色图像上色和给彩色图像着色都会非常有用。

案例 6：颜色图层混合模式

打开"鲜花"素材，添加"曲线"调整层，设置 S 形调整曲线，图像的色调和影调对比强烈，选中"曲线"调整层，将其图层混合模式改为"颜色"，图像的颜色效果变得比较柔化，效果如图 K1.5.5－10 所示。

图 K1.5.5－10

# K1.6 特效技法

Photoshop 中的滤镜是一种插件模块，能够操纵图像中的像素。位图（如照片、图像素材等）都是由像素构成的，每一个像素都有自己的位置、颜色值和对比度，滤镜就是通过改变像素的位置、颜色和对比度来生成各种特殊效果的。

在 Photoshop 中滤镜效果很多，打开 Photoshop 软件后，创建新文件即可在滤镜菜单下找到 Photoshop 中滤镜特效。

## K1.6.1 滤镜——风格化

滤镜风格化效果通过置换像素并且改变图像中亮度、对比度等属性，给对象添加绘画、雕刻、拼贴画等艺术效果，以达到丰富的创意效果。

**Photoshop 滤镜——风格化**

### 1. 查找边缘

"查找边缘"滤镜效果可以直接把彩色的场景和人物转化为线稿或素描图像效果，如进行一些人物素描效果设置时，可以使用查找边缘效果与其他工具搭配使用完成。打开 Photoshop 拖拽素材文件创建新文件，选中图层后拷贝一个新图层，选中拷贝图层，选择【滤镜】菜单→【风格化】→【查找边缘】，就可以给图像创建"查找边缘"滤镜效果。效果如图 K1.6.1－1 所示。

K1.6.1－1

### 2. 等高线

"等高线"滤镜效果可以使图像中符合设定颜色范围的对象边缘使用地图等高线效果勾勒出来。

打开 Photoshop 文件拖拽素材文件创建新文件，选中图层后拷贝出一个相同的图层，选中新图层选择【滤镜】菜单→【风格化】→【等高线】，就可以给图像创建等高线滤镜效果。如图 K1.6.1－2 所示。

图 K1.6.1－2

● 等高线滤镜效果属性编辑窗口中：

色阶：可拖动"色阶"滑块调整数值，这里的数值是用来设置描边的基准亮度等级的，可以边预览边调整成想要的效果。

边缘：在"边缘"中点选"较低"时，可以在基准亮度等级以下的轮廓上生成等高线描边。点选"较高"时，可以在图像基准亮度等级以上的轮廓上生成等高线描边。

### 3. 风

使用"风"滤镜效果，可以在图像上添加水平线以模拟风吹过的效果。"风"滤镜效果智能应用在水平方向，如想制作垂直方向效果，需调整图层对象的旋转角度。

打开 Photoshop 软件，拖拽素材到软件中创建新文件，选中图层后拷贝出一个相同的图层，选中新图层在菜单栏中选择【滤镜】→【风格化】→【风】，在弹出的对话框中进行参数设置，就可以让图片产生风吹过一样的效果。如图 K1.6.1－3 所示。

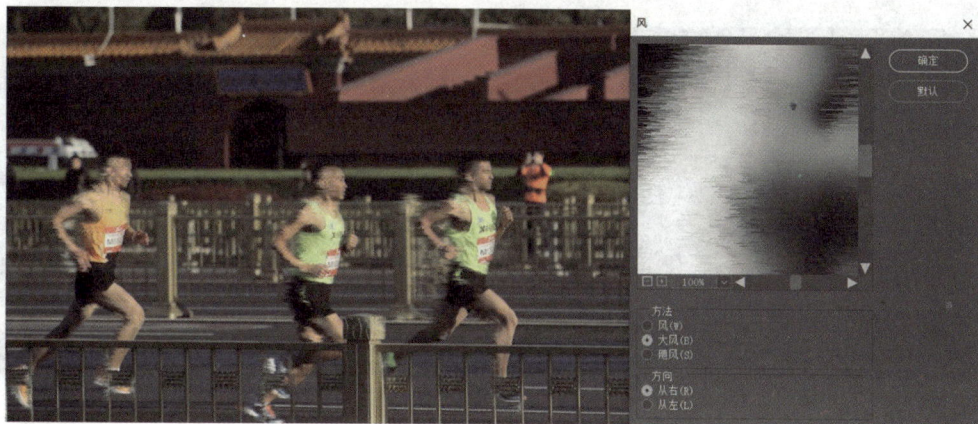

图 K1.6.1－3

● 风滤镜效果属性编辑窗口中：

方法：用于设置风的类型、强度，包括"风""大风"和"飓风"3 种类型和强度。

方向：用于设置风吹的方向，包括"从左"和"从右"两个方向。设置风刮后图形的偏移方向可以模拟风吹效果。

### 4. 浮雕效果

使用"浮雕"滤镜效果可以让图像产生具有浮动立体的雕刻感，以此实现一些特殊效果设置。

打开 Photoshop 文件拖拽素材文件创建新文件，选中图层后拷贝出一个相同的图层，选中新图层后选择菜单栏中的【滤镜】→【风格化】→【浮雕效果】，就可以给图像创建浮雕滤镜效果。浮雕的属性参数设置完成后点击"确定"按钮，可以看到浮雕的设置效果。然后可以通过设置图层混合模式，选择相应模式即可看到设置后的浮雕效果，如果设置效果不理想，我们还可以再次设置浮雕的参数，保证设置的浮雕效果达到设计要求。如图 K1.6.1－4 所示。

图 K1.6.1－4

● 浮雕效果属性编辑窗口中:

角度:设置图像从不同的角度看到的效果。

高度:高度越高浮雕效果与原图像分离越远,浮雕效果越夸张。

数量:设置图像像素呈现的数量,数量越多设置的图像越清晰、图像表现越细腻。

### 5. 扩散

Photoshop 中的扩散滤镜效果可以让设置对象有一种透过毛玻璃观察图像的模糊效果。在给设置对象添加扩散滤镜时,如添加一次滤镜效果后显示不明显,可以通过多次添加扩散滤镜效果达到设计需求。

打开 Photoshop 文件拖拽素材文件创建新文件,选中图层后拷贝出一个相同的图层,选中新图层后选择菜单栏中的【滤镜】→【风格化】→【扩散】,就可以给图像创建扩散滤镜效果。如图 K1.6.1-5 所示。

图 K1.6.1-5

● 扩散滤镜效果属性编辑窗口中:

正常:设置图像随机变换像素点以达到扩散效果。

暗部优先:设置图像中暗部像素代替亮部像素实现扩散滤镜效果。

亮部优先:设置图像中亮部像素代替暗部像素实现扩散滤镜效果。

各向异性:设置图像中亮部像素向暗部像素扩散滤镜效果,暗部像素向亮部像素扩散滤镜效果。

### 6. 拼贴

Photoshop 中拼贴滤镜效果可以将图像按照指定的拼贴数分隔为多个正方形的拼贴图块、图片,并且按照设置的位移半分比进行偏移排列。

打开 Photoshop 文件,拖拽素材文件创建新文件,选中图层后拷贝出一个相同的图层,选中新图层后选择菜单栏中的【滤镜】→【风格化】→【拼贴】,就可以给图像创建拼贴滤镜效果。如图 K1.6.1-6 所示。

图 K1.6.1-6

● 拼贴滤镜效果属性编辑窗口中：

拼贴数：设置拼贴图像行和列中分裂出的最小拼贴块数，最小拼贴块数按照图像的长宽进行计算，如长度大于宽度最小拼贴块数则以宽度进行设置；宽度大于长度最小拼贴块数则以长度进行设置（参数为 1～99）。如图 K1.6.1－7 所示。

图 K1.6.1－7

最大位移：为拼贴图块在图像中偏移出其原始位置的最大距离。如图 K1.6.1－8 所示。

图 K1.6.1－8

背景色：使用 Photoshop 设定的背景色填充拼贴图块之间的缝隙颜色。

前景色：使用 Photoshop 设定的前景色填充拼贴图块之间的缝隙颜色。

反向颜色：用原图像的反向颜色来填充拼贴色块之间的缝隙颜色。

未改变颜色：使用原图像的颜色来填充拼贴色块之间的缝隙颜色。

### 7. 曝光过度

Photoshop 中曝光过度滤镜可以模拟出在暗房中图像显影过程里突然增加光线照射强度而产生的过度曝光效果。曝光过度滤镜一般很少拿出来单独使用，而是作为调整设计图像中过曝检测是否有曝光过度颜色的参考图像。设置曝光过度滤镜效果后，照片中的颜色如果保留原来颜色范围就表示曝光正常的颜色，如果图像中颜色显示的是黑色，则表示严重曝光范围。

打开 Photoshop 文件，拖拽素材文件创建新文件，选中图层后拷贝出一个相同的图层，选中新图层后选择菜单栏中的【滤镜】→【风格化】→【曝光过度】，就可以给图像创建曝光过度滤镜效果。如图 K1.6.1－9 所示。

图 K1.6.1－9

**8. 凸出**

Photoshop 中凸出滤镜效果可以通过把图像打散拉伸成块状或金字塔状带有 3D 效果凸出图像画面的几何立体图形。

打开 Photoshop 文件，拖拽素材文件创建新文件，选中图层后拷贝出一个相同的图层，选中新图层选择菜单栏中的【滤镜】—【风格化】—【凸出】，就可以给图像创建凸出滤镜效果。如图 K1.6.1－10 所示。

图 K1.6.1－10

● 凸出滤镜效果属性编辑窗口中：

类型：设置图像的凸出形状，分为块状和金字塔状。

大小：设置图像中凸出形状的大小。

深度：设置图像中凸出形状的高度，包括随机高度、基于色阶设定高度。

**9. 油画**

Photoshop 中油画滤镜可以通过给图像添加滤镜效果让图像具备油画一样的线条和凹凸感，将图像转化为油画效果。油画滤镜效果是处理人像或儿童图像常用的一种滤镜风格。

打开 Photoshop 文件，拖拽素材文件创建新文件，选中图层后拷贝出一个相同的图层，选中新图层后选择菜单栏中的【滤镜】→【风格化】→【油画】，就可以给图像创建油画滤镜效果。如图 K1.6.1－11 所示。

图 K1.6.1－11

● 油画滤镜窗口中：

画笔－描边样式：控制图像油画效果的描边样式，描边样式数值越大，图像越趋近平滑线条描边。

画笔－描边清洁度：配合描边样式使用，数值越高越趋近油画线条风格。

画笔－缩放：用于设置图像中画笔油画线条大小效果。

画笔－硬毛刷细节：数值越大，图像锐度越高，油画画笔细节越清晰。

光照－角度：设置图像添加油画效果后，油画效果的光照角度。

光照－闪亮：给油画效果添加对比度，值越高图像油画效果越明显。

**Photoshop** 滤镜——模糊

## K1.6.2　滤镜——模糊

滤镜模糊效果功能主要是通过降低图像清晰度，调整图像局部细节的反差效果，加大图像描边和边缘的平滑度，达到让图像看着朦朦胧胧，增强对图像的修饰效果，模糊滤镜中包含多种模糊效果。

### 1. 表面模糊

表面模糊滤镜效果在保留图像边缘的同时可以去除图像中的杂色和细小颗粒，让图像画面看起来更加平滑。表面模糊滤镜经常用来对人物进行的简单磨皮效果处理和类似一些效果的设置。原图如图 K1.6.2-1 所示，添加表面模糊效果后，如图 K1.6.2-2 所示。

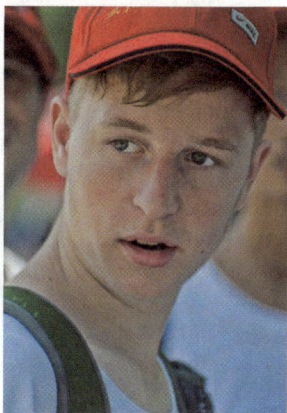 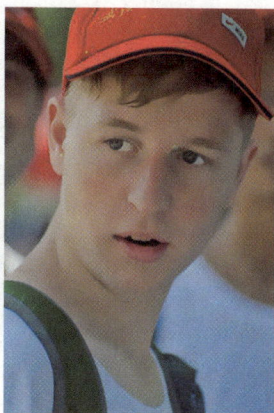

图 K1.6.2-1　　　　　　图 K1.6.2-2

打开 Photoshop，拖拽素材文件创建新文件，选中图层后拷贝一个新图层，选中新图层后选择【滤镜】→【模糊】→【表面模糊】，就可以给图像创建表面模糊滤镜效果。

● 打开表面模糊滤镜对话框中：

半径：设置图像中滤镜效果的采样区域的大小。相同阈值下，半径越大，整个图像模糊效果越相近。

阈值：调整图像中相邻像素色阶值与中心像素对比相差多少能进行模糊效果设置。阈值越大模糊效果越明显。

### 2. 动感模糊

动感模糊滤镜效果根据设置的模糊角度和距离，对图像对象进行拉伸，以达到图像中对象在移动中模糊的效果。动感模糊效果一般应用在一些移动物体产生的动态效果设置，如雪花飘落、下雨雨滴滴落等效果。

打开 Photoshop，拖拽素材文件创建新文件，在图层面板中选中图层，然后拷贝图层选中拷贝图层点击图层面板中的新建图层按钮，在上面新建一个图层把素材文件中"雪花"图片置入新图层中，调整图片大小，选中图层单击鼠标右键选"栅格化图层"。然后选择【滤镜】→【模糊】→【动感模糊】，将调整角度设置为"55°"、距离设置为"20 像素"，这样可以产生雪花下落的模糊效果，如图 K1.6.2-3 所示。

图 K1.6.2—3

● 动感模糊滤镜对话框中：

角度：设置图像中对象的模糊角度，不同角度，图像模糊方向会发生改变。

距离：调整图像中对象的动感模糊时，按照模糊角度设置偏移的距离，距离越大，像素拉伸值越大，图像模糊效果越明显，距离越小，像素拉伸值越低，图像模糊效果越差。

### 3. 方框模糊

方框模糊滤镜效果是应用图像中相邻像素的颜色平均值对图像进行模糊处理。使用方框的半径像素值来设定模糊区域大小，方框模糊半径值越大，方框内模糊效果越明显，图像的形状越趋近于矩形。

打开 Photoshop，创建新文件，选中图层后使用【油漆桶工具】设置图层背景色为黑色，选择图层拷贝一个新图层。在图层中使用【椭圆工具】添加一个填充色为白色，且无边框的圆形，选中圆形图层右键选择"栅格化图层"。选择【滤镜】→【模糊】→【方框模糊】，调整滤镜对话框中的半径选项，这样就可以给图像创建方框模糊滤镜效果。如图 K1.6.2—4 所示。

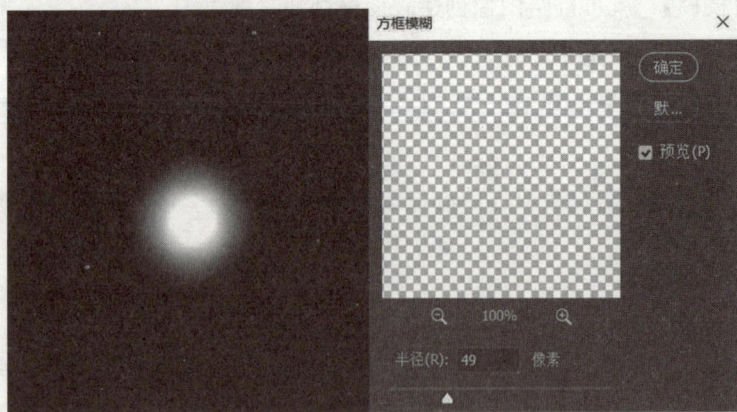

图 K1.6.2—4

### 4. 高斯模糊

高斯模糊是在大部分图像处理软件中广泛使用的滤镜处理效果，通常用它来降低图像中噪声、杂色及图像整体细节层次。使用高斯模糊生成的图像在视觉效果上等同于透过一片半透明的玻璃来观察图像。如图 K1.6.2—5 所示。

图 K1.6.2—5

高斯模糊滤镜效果与方框模糊效果类似，高斯模糊滤镜是按照图像原有形状进行模糊，而方框模糊效果会将模糊对象原有形状在模糊的同时向矩形转变。

### 5. 进一步模糊

进一步模糊滤镜效果主要在像素级别上进行模糊处理，这种模糊效果比较差，可以在一些图像需要模糊值较小的地方应用。使用进一步模糊我们需要调整放大图像后，添加进一步模糊效果。

打开 Photoshop 创建新文件，选中图层后使用【油漆桶工具】设置图层"背景色"为黑色，选择图层拷贝一个新图层。在图层中使用【矩形工具】添加一个"填充色"为白色，无边框的矩形，选中矩形图层右键选择"栅格化图层"。使用【放大镜工具】放大矩形，选择【滤镜】→【模糊】→【进一步模糊】。每设置一次进一步模糊，图像模糊 2 个像素值，如需多次应用模糊效果可以使用"Ctrl＋Alt＋F"快捷键，如图 K1.6.2—6。

图 K1.6.2—6

### 6. 径向模糊

径向模糊滤镜效果通过设置的模糊中心对图像进行旋转或缩放产生模糊效果，模糊中心可以根据需要在"径向模糊"对话框中设置。

打开 Photoshop，使用素材文件创建新文件，选中图层后拷贝一个新图层，选中新图层后选择【滤镜】→【模糊】→【径向模糊】，设置模糊数量为"9"、模糊方法为"旋转"、品质为"最高"，就可以给图像创建旋转径向模糊滤镜。如图 K1.6.2—7 所示。

图 K1.6.2－7

● 径向模糊对话框中：

数量：设置径向模糊强度。

模拟方法—旋转：让图像按照旋转的方式进行模糊处理。

模拟方法—缩放：让图像按照缩放的方式进行模糊处理。

品质：对图像模糊处理的好坏。

### 7. 镜头模糊

镜头模糊滤镜效果通过向图像中添加模糊效果来模拟镜头景深效果，让图像中的某部分图像更清晰，其他部分图像变得模糊。添加镜头模糊时可以通过添加选区和 Alpha 通道设置部分图像进行模糊处理。

打开 Photoshop，使用素材文件创建新文件，选中图层后拷贝一个新图层，选中新图层后选择【滤镜】→【模糊】→【镜头模糊】，设置模糊模式为"更加准确"、光圈形状为"三角形"、光圈半径为"13"，给图像创建镜头模糊滤镜效果。如图 K1.6.2－8 所示。

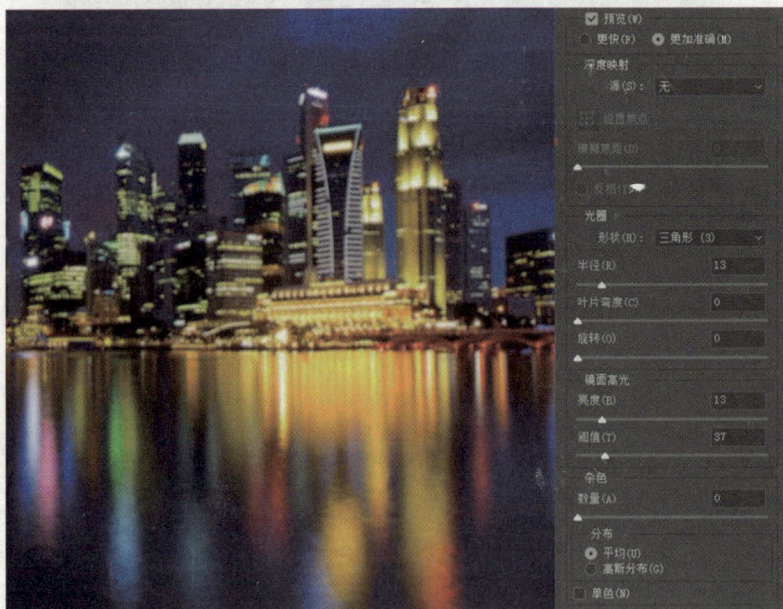

图 K1.6.2－8

- 镜头模糊对话框中：

模式：设置镜头模糊效果以速度优先还是准确度优先。

光圈：用来设置模糊显示时的形状和方向等。

镜面高光：用来设置图像中高光区域显示的范围。

杂色：通过拖拽数量值添加或减少杂色。

### 8. 模糊

模糊滤镜效果与进一步模糊效果功能类似，但模糊效果每设置一次，模糊 1 个像素值，进一步模糊每设置一次，模糊 2 个像素值。

### 9. 平均

平均滤镜效果通过计算图像中色彩的平均值将图像转换为颜色为平均值的图层。在 Photoshop 中需要计算一张图像颜色的平均值，就可以使用这种模糊效果。

### 10. 特殊模糊

特殊模糊滤镜效果设置图像模糊的同时，能保证图像边缘的清晰度，只在色差小于设置阈值的颜色范围内进行模糊操作。

打开 Photoshop，使用素材文件创建新文件，选中图层后拷贝一个新图层，选中新图层后选择【滤镜】→【模糊】→【特殊模糊】，设置半径为"65"、阈值为"30"、品质为"高"、模式为"正常"，就可以给图像创建突出主体、边缘清晰、背景模糊的特殊模糊滤镜效果。把模式修改为"仅限边缘"，在对比度较高的区域可以给图像创建带有黑白混合边缘的特殊模糊滤镜效果。把模式修改为"叠加边缘"，在对比度较高的区域可以给图像创建应用白色边缘的特殊模糊滤镜效果，如图 K1.6.2－9 所示。

图 K1.6.2－9

- 特殊模糊对话框中：

半径：设置滤镜模糊的距离。

阈值：设置滤镜模糊时像素间达到多大值时可以对像素进行模糊消除。

品质：设置模糊效果的品质。

模式：设置特殊模糊的三种效果，包括正常、仅限边缘、叠加边缘。

### 11. 形状模糊

形状模糊滤镜效果使用指定的形状内核创建模糊效果。

打开 Photoshop，创建新文件，选中图层后使用【油漆桶工具】设置图层背景色为"黑色"，选择图层拷贝一个新图层，在新图层中使用【矩形工具】添加一个填充色为"白色"、无边框的矩形，选中圆形图层右键选择"栅格化图层"。选择【滤镜】→【模糊】→【形状模糊】，调整滤镜对话框中的模糊半径值为"300"、模糊形状为"花卉"，就可以给图像创建形状模糊滤镜效果。半径值越大，模糊效果越趋近于选中形状。如图 K1.6.2－10 所示。

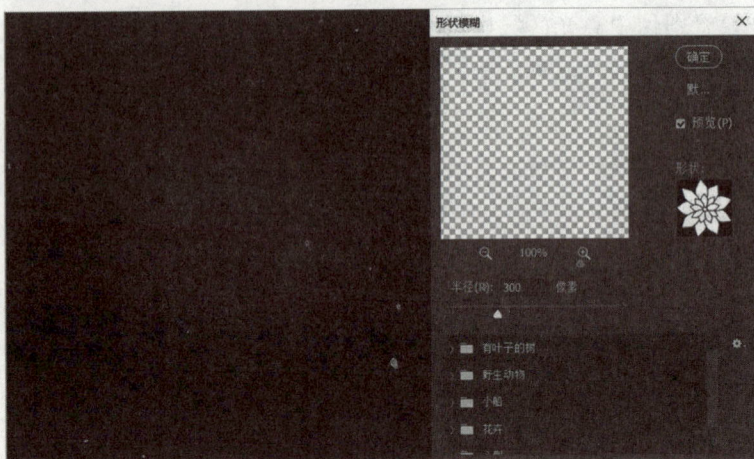

图 K1.6.2－10

## K1.6.3　滤镜——扭曲

Photoshop 滤镜——扭曲

滤镜扭曲作用是让图像按照几何学原理变形，让图像创建出三维效果或其他的整体效果。图像可以通过添加扭曲滤镜实现图像弯曲、旋转等扭曲效果。

### 1. 波浪扭曲

波浪扭曲滤镜用来让图像产生波浪扭曲的效果，可以通过设置滤镜属性模拟出大海波浪及水波荡漾的效果。

打开 Photoshop 拖拽素材文件创建新文件，选中图层后使用【油漆桶工具】设置图层背景色为白色，新建图层并把素材文件夹下"波浪.psd"文件拖拽到新图层中。选中新图层并拷贝当前图层，选中拷贝的新图层，选择【自由变换】，设置图像自由变换形式为"垂直翻转"。让翻转后的图层中的图像上边缘对齐原图层的下边缘，选中翻转后的图层，选择【滤镜】→【扭曲】→【波浪】，具体设置参数如图 K1.6.3－1 所示。然后给翻转图层添加蒙版，在蒙版上使用渐变工具拖拽出图像渐隐的效果，如图 K1.6.3－2 所示。

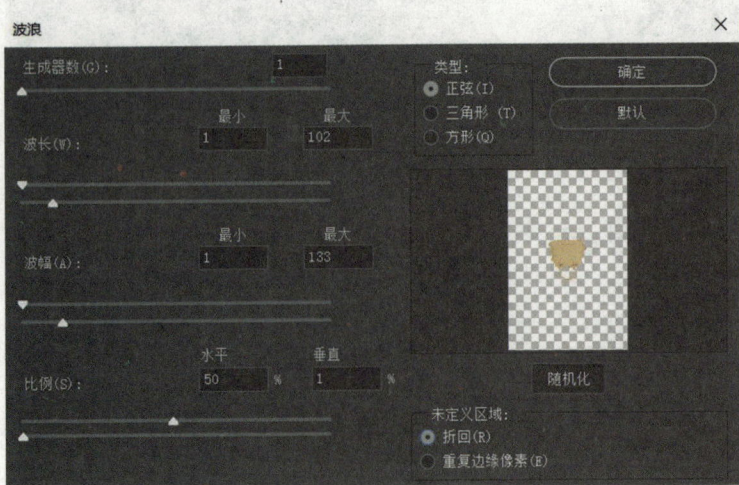

图 K1.6.3－1

图 K1.6.3-2

● 波浪扭曲滤镜属性设置对话框中：

生成器数：控制图像中产生波浪数量，范围为"1~999"。

波长：通过调整波长最大值和最小值，调整图像中相邻波峰的距离，最大值不能小于最小值。

波幅：通过调整波幅最大值和最小值，调整波峰的高度，最大值不能小于最小值。

比例：设置图像在水平和垂直方向的几何变形程度。

类型：可以选择三种类型作为图像波浪变形的形状，包括正弦、三角形和正方形。

随机化：每单击一下此按钮都可以为波浪滤镜指定一种随机变形效果。

折回：将变形后超出图像边缘的部分填充到图像的对边位置。

重复边缘像素：将图像中因为弯曲变形缺失的部分用图像边缘像素进行填充。

### 2. 波纹扭曲

波纹扭曲滤镜可以给图像创建类似水波纹的效果。和波浪扭曲效果不同的是，波纹扭曲滤镜没有波浪扭曲那么大的扭曲幅度。波纹扭曲效果可以和蒙版组合使用制作出水面波纹效果。

打开 Photoshop 拖拽素材文件创建新文件，选中图层并拷贝当前图层，选中拷贝的新图层后选择【滤镜】→【扭曲】→【波纹】，设置数量为"400%"、大小为"小"，这样给图层整体添加了波纹效果。选中图层添加图层蒙版，使用【画笔工具】在上面擦出原图。然后给翻转图层添加蒙版，在蒙版上使用【渐变工具】拖拽出图像渐隐的效果，这样水面波纹效果就制作出来了。如图 K1.6.3-3 所示。

图 K1.6.3-3

● 波纹扭曲滤镜属性设置对话框中：

数量：控制图像中产生波纹的数量，范围为"-999%~999%"。

大小：控制图像中产生波纹的相对大小。

### 3. 极坐标扭曲

极坐标扭曲滤镜可以通过两种方式设置图像按照给出图像水平中心点进行内卷和外翻扭曲效果。

打开 Photoshop，创建一个大小为"1000 像素×1000 像素"的新文件，填充黑色到白色的垂直方向线性渐变背景色。选择【滤镜】→【扭曲】→【波浪】，设置波浪滤镜参数：生成器为"70"、波长最小为"1"、波长最大为"14"、波幅最小为"1"、波幅最大为"387"、比例水平为"100"、比例垂直为"100"、类型为"正弦"，选中设置好波浪效果图层，选择【滤镜】→【扭曲】→【极坐标】，选择"平面坐标到极坐标"模式，就可得到如图 K1.6.3—4 所示放射线状效果。

图 K1.6.3—4

● 极坐标扭曲滤镜属性设置对话框中：

平面坐标到极坐标：由图像上边缘的中心点向内卷曲。

极坐标到平面坐标：由图像下边缘的中心点向外翻转。

### 4. 挤压扭曲

挤压扭曲滤镜可以通过调整挤压数量值让图像从中心点向外膨胀或向内凹陷，挤压效果经常用在给图像制作膨胀圆形图像时使用，也可以用在给图像制作拉伸景深时使用，如图 K1.6.3—5、K1.6.3—6 所示。

图 K1.6.3—5        图 K1.6.3—6

### 5. 球面化扭曲

球面化滤镜与挤压滤镜效果类似，都是用来设置图像向外膨胀或向内凹陷的效果，球面化扭曲滤镜与挤压滤镜区别在于，球面化扭曲滤镜可以对图像进行单一水平角度的拉伸或凹陷，如图 K1.6.3—7 所示。

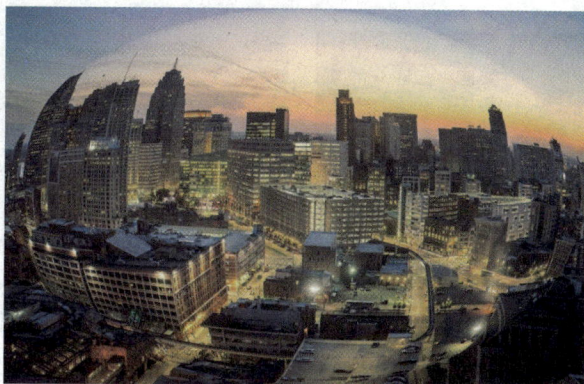

图 K1.6.3－7

● 极坐标扭曲滤镜属性设置对话框中：

正常模式：图像以中心点为基准向外膨胀或向内凹陷。

水平优先模式：图像在水平方向上向外膨胀或向内凹陷。

垂直优先模式：图像在垂直方向上向外膨胀或向内凹陷。

### 6. 切变扭曲

切变扭曲滤镜可以让图像按照设定点进行弯曲。

打开 Photoshop 创建新文件并把素材文件添加到图层中，选中图层并拷贝当前图层，选择【滤镜】→【扭曲】→【切变】，具体设置参数如图 K1.6.3－8 所示。

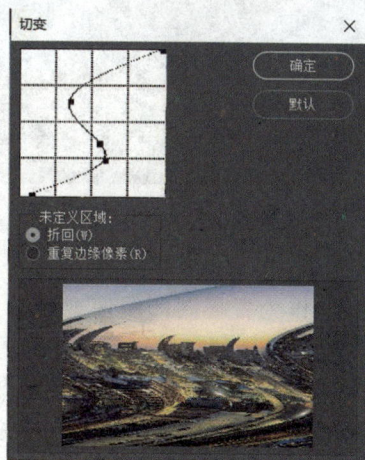

图 K1.6.3－8

● 切变扭曲滤镜属性设置对话框中：

折回：将图像进行扭曲后超出边缘的部分填充到对向位置。

重复边缘像素：复制图像边缘像素填充到因图像扭曲产生未定义区域。

### 7. 水波扭曲

水波扭曲滤镜可以让图像产生同心圆状的波纹效果，常用来模拟水面产生波纹效果。

Photoshop 创建新文件并把素材文件添加到图层中，选中图层并拷贝当前图层，选择【滤镜】→【扭曲】→【水波】，具体设置参数如图 K1.6.3－9 所示。添加水波扭曲效果后可以给图像一种模拟水下拍摄的效果。如图 K1.6.3－10 所示。

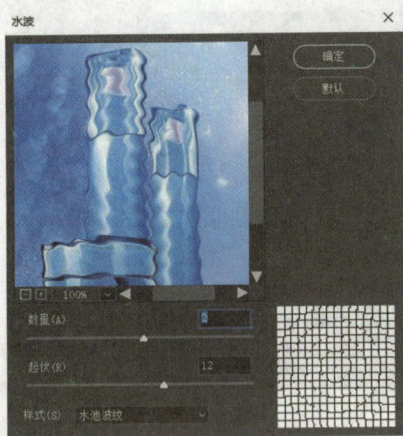

图 K1.6.3—9　　　　　　　　　图 K1.6.3—10

### 8. 旋转扭曲

旋转扭曲滤镜效果可以让图像在中心点按照给出的角度进行旋转扭曲。旋转扭曲可以通过设置扭曲角度的正值和负值来设定图像向正向或反向进行旋转扭曲，如图 K1.6.3—11 所示。

图 K1.6.3—11

### 9. 置换扭曲

置换扭曲滤镜在设置前需要与另一个作为置换图的图像配合使用，该图像必须是 PSD 格式文件。这样在使用置换滤镜时，原图像可以按照置换图的扭曲起伏效果进行显示。

打开 Photoshop，导入"水波纹置换素材"图片，使用文本工具输入要进行置换的文本，选中文本图层，选择【滤镜】→【扭曲】→【置换】，设置滤镜参数，然后选择确定置换，在弹出的对话框中选择"水波纹置换图片.psd"文件，通过置换文件就能让文本按照置换文件中水波纹的效果显示在图像上。如图 K1.6.3—12 所示。

图 K1.6.3—12

● 置换扭曲滤镜属性设置对话框中：

水平比例：表示图像根据置换图中图像颜色水平方向移动的距离。

垂直比例：表示图像根据置换图中图像颜色垂直方向移动的距离。

置换图——伸展以适合：用于原图像与置换图像大小不一致时，置换图像进行伸展收缩以匹配原图像大小。

置换图——拼贴：用于原图像与置换图像大小不一致时，置换图像以拼贴的形式重复排列在原图像中。

未定义区域：设定图像因扭曲产生未定义区域以哪种形式填充。折回：将图像进行扭曲后超出边缘的部分填充到对向位置。重复边缘像素：复制图像边缘像素填充到因图像扭曲产生的未定义区域。

## K1.6.4　滤镜——其他

在 Photoshop 中除了风格化、模糊和扭曲三种常用滤镜效果外，还有一些其他经常用到的滤镜效果。比如滤镜菜单下的滤镜库、模糊画廊、液化、锐化等都是在进行图像设计时经常使用的滤镜效果。

滤镜——其他(上)

### 1. 滤镜库

滤镜库作为 Photoshop 软件中内置的集合多种滤镜效果的对话框，可以让设计者对滤镜的浏览、查找和使用变得更直观和便捷，滤镜库中包含了 Photoshop 软件中大部分常用滤镜，在进行设计时可以在滤镜库中添加预设滤镜效果以达到设计要求。

在 Photoshop 中给图像添加滤镜库中的滤镜效果，选中图像图层点击【滤镜】→【滤镜库】，在滤镜库组中选择需要使用的滤镜效果，添加滤镜效果后可以在对话框右侧设置每种滤镜的具体属性参数，如图 K1.6.4－1 所示。

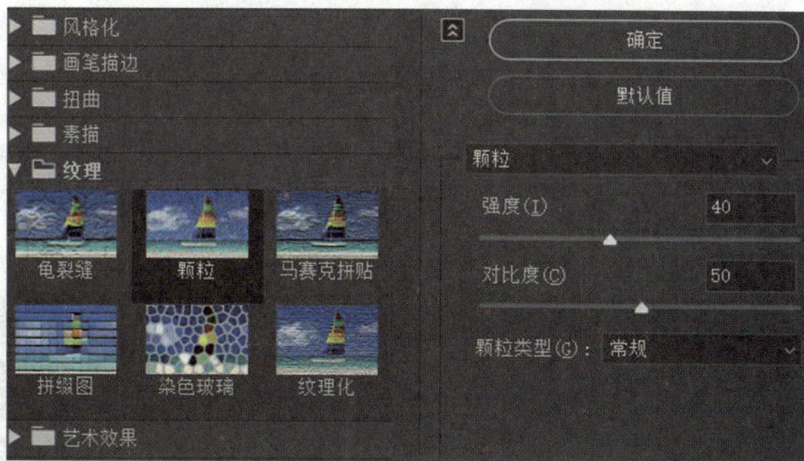

图 K1.6.4－1

在滤镜库中还可以给设计图像同时添加多个滤镜效果，单击滤镜库对话框下方"新建效果图层"即可对图像添加多个滤镜。还可以通过点击滤镜窗口中的 ◉ ，查看滤镜的应用效果。

### 2. 模糊画廊

模糊画廊滤镜可以给图像快速创建多种模拟照片景深的模糊效果，如需要给图像设置一些景深和视觉焦点，模糊画廊滤镜可以起到很好的效果，如图 K1.6.4－2、K1.6.4－3 所示。

图 K1.6.4－2          图 K1.6.4－3

设置模糊画廊时先选取图层点击【滤镜】→【模糊画廊】→【场景模糊】、【光圈模糊】、【倾斜偏移】、【路径模糊】、【旋转模糊】，选择要模糊的效果后，可以在模糊工具选项卡中设置模糊滤镜的具体参数。如在设置【场景模糊】时可通过鼠标单击图像预览框中图像界面，添加模糊控点，通过调整模糊控点的位置和每个控点模糊度来设置图像的景深效果。调整完成后，还可以使用【效果】→【光源散景】、【散景颜色】和【光照范围】设置模糊滤镜的整体效果。

### 3. 智能滤镜

智能滤镜基于创建的智能对象，对所有智能对象使用的滤镜都是智能滤镜。对智能对象应用的智能滤镜将出现在【图层】面板智能对象图层的下方，可以通过调整智能滤镜下方滤镜效果移动、隐藏滤镜。如图 K1.6.4－4 所示。

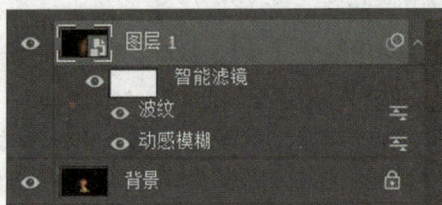

图 K1.6.4－4

### 4. 自适应广角

自适应广角滤镜效果经常用来校正使用广角镜头拍摄图像产生的镜头扭曲，它可以快速拉直在图像中看起来弯曲的线条。

打开素材文件，选择图像所在图层，选择【滤镜】→【自适应广角】。在"自适应广角"对话框左上角，选取"约束工具"。然后在要拉直的图像区域拖动。在对话框的右侧可以设置自适应广角滤镜的属性，包括校正、缩放、焦距、裁剪因子并查看校正细节效果，如图 K1.6.4－5 所示。

图 K1.6.4－5

### 5. 液化

液化滤镜效果可以对图像中所有区域进行类似液体液化效果的变形。如旋转扭曲、收缩、膨胀及映射等，常用来修饰图像局部区域膨胀收缩等，在设计中液化滤镜经常用于人物或图像美化修饰。液化滤镜所有操作都可以在"液化"对话框中进行，还可以在操作的同时预览操作结果。如图 K1.6.4－6、K1.6.4－7 所示。

图 K1.6.4－6　　　　　图 K1.6.4－7

● "液化"对话框左侧为液化工具箱，主要用来设置画笔对图像进行液化变形操作。包括：向前变形工具、重建工具、平滑工具、膨胀工具等。

向前变形工具：用于向前推挤像素，是最常用的工具之一。

重建工具：将已变形的区域恢复原貌。

平滑工具：平滑变形效果。

顺时针旋转扭曲工具：用于顺时针旋转图像。

褶皱工具：用于将像素向画笔区域的中心收缩。

膨胀工具：用于将像素向远离画笔区域中心的方向移动。

左推工具：用于将像素垂直移向绘制方向。如向右推时，像素朝上移动；向左推时，像素朝下移动。

冻结蒙版工具：冻结程度取决于当前画笔压力，用蒙版颜色的深浅表示。

解冻蒙版工具：右侧面板上的蒙版选项，可以控制解冻区域范围。

脸部工具：可智能识别脸部各区域，人脸识别液化面板的对应部位的参数相应改变。

抓手工具：移动图像。

缩放工具：缩放图像。

● "液化"对话框右侧为画笔工具选项，主要用来设置液化画笔大小、浓度、压力等属性值。

大小：设置画笔的宽度。

压力：使用较小的压力，不仅可以减慢更改速度，还有利于及时停止变形。

浓度：控制画笔如何在边缘羽化。

速度：值越大，应用扭曲的速度越快。

● "液化"对话框右侧下半部分为人脸识别液化窗口，主要用来对人物液化时面部一些具体部位的液化细节进行调整。选择脸部，可以同时识别图像中多个人物脸部特征，根据选择脸部名称来调节每个人物面部特征。

### 6. 消失点

消失点滤镜可以在图像上创建透视角度并编辑图像。通过滤镜效果设置可以对图像中的对象进行透视校正编辑（如绘画、仿制、复制、粘贴及旋转、变换等编辑操作）。使用消失点滤镜进行仿制、变换等操作的图像具有透视效果，设置后效果更加逼真。通过消失点滤镜可以做出如下效果：原图如 K1.6.4－8 所示，应用消失点后的效果图如图 K1.6.4－9 所示。

滤镜——其他(下)

图 K1.6.4－8

图 K1.6.4－9

● 消失点滤镜对话框具体属性如下：

羽化：设置创建选区的羽化值。

不透明度：图像在进行修复时的强度。

修复：选择"关"，可以让绘画区域与周围的颜色、光照和阴影不进行混合；选择"明亮度"，可以让绘画区域与周围的颜色、光照和阴影进行混合，同时保留原样本区域像素的颜色；选择"开"，可以让绘画区域与周围的颜色、光照和阴影进行混合，同时保留样本区域图像的纹理样式。

移动模式：选择"目标"，可使用图像选区内的像素修复图像选区外的像素部分；选择"源"，可使用图像选区外的像素修复图像选区内的像素部分。

对齐：设置图像区域目标区域与画笔同步。

画笔颜色：设置图像选区中使用画笔绘画的颜色。

### 7. 锐化

锐化滤镜可以通过图像中相邻像素之间对比度让图像画面更加清晰，从而提高画面清晰度。锐化滤镜组包括：USM 锐化、防抖、进一步锐化、锐化、锐化边缘、智能锐化。在锐化滤镜组中锐化、进一步锐化、锐化边缘滤镜效果不是特别明显，需要多次添加才能看出效果。

（1）防抖锐化

防抖锐化滤镜效果主要是处理照片拍摄过程中相机运动出现的一些模糊效果。

使用 Photoshop 打开素材，拷贝图层后选择【滤镜】→【锐化】→【防抖】，打开防抖对话框。软件会自动分析图像中适合防抖锐化区域，确定模糊的性质，并给出适合整个图像的修正方法，经过修正的图像会在防抖对话框中显示。拖拽评估区域四周的控点，可调整评估区域边界大小，拖拽中心的图钉控点，可移动评估区域在图像中的位置。

（2）USM 锐化

USM 锐化滤镜采用摄像制版中的模糊遮罩原理，通过加大图像中相邻像素间的颜色反差，使图像相邻的不同颜色间产生明显分界线，以达到提升图像清晰度的效果。

- USM 锐化对话框中：

数量：图像在使用 USM 锐化时，临近颜色交界处暗色变暗、亮色变亮幅度的大小。数量值越大，图像交界处清晰度强调效果越明显。

半径：设置图像在应用锐化效果的范围。单位为像素，取值范围为 0.1～255 像素。半径越大，锐化效果取值范围越大，图像画面清晰度效果越明显。

阈值：处理图像过程中，颜色相交位置进行 USM 锐化处理时需要满足的条件，阈值参数取值范围为 0～255 像素。

（3）智能锐化

智能锐化滤镜在 USM 锐化滤镜的基础上添加了锐化控制功能，智能锐化可以通过设置移去模糊的计算方法设置锐化，还可以单独设置图像阴影和高光中图像锐化程度。

- 智能锐化滤镜对话框中：

预设：可以存储、应用已设置好的图像锐化效果。

数量：设置图像锐化量，数值越大图像边缘像素间对比度越大。

半径：确定边缘像素受临近像素锐化影响的数量。半径越大，影响范围越大，图像锐化效果越明显。

较少杂色：减少图像中无用的杂色，并保持图像中重要边缘像素不受影响。

移去：设置图像进行锐化时使用的锐化算法。USM 锐化中滤镜使用的锐化算法是高斯模糊。镜头模糊可以对图像中的边缘和细节进行检测，增加细节上的锐化程度，并减少锐化产生光晕效果。动感模糊可以减少图像在拍摄过程中由于移动而产生的模糊效果。

阴影/高光：调整图像中暗部或亮部区域的锐化程度。"渐隐量"调整暗部或亮部锐化大小。"色调宽度"控制图像中较暗与较亮区域中颜色色调的修改范围。"半径"调整图像中像素周围取样区域大小。

### 8. 像素化

像素化滤镜作用是把图像中的元素以设置的形状元素表现出来。像素化滤镜并没有改变图像中像素点形状，只是对图像中一些细节进行特殊处理。像素化滤镜设置效果如图 K1.6.4－10 所示。

图 K1.6.4－10

## 9. 渲染

渲染滤镜可以在图像中创建云彩图案、折射图案和模拟的光反射，也可以在 3D 空间中操纵对象，并以灰度文件创建纹理填充以产生类似 3D 的光照效果。

- 火焰：可以通过 Photoshop 软件渲染给图像中的路径添加火焰效果，如图 K1.6.4－11 所示。
- 树：可以通过 Photoshop 软件渲染给图像添加各种类型树木图形，如图 K1.6.4－12 所示。

图 K1.6.4－11

图 K1.6.4－12

- 图片框：通过 Photoshop 软件渲染给图像添加图片框，如图 K1.6.4－13 所示。

图 K1.6.4－13

● 云彩：云彩滤镜没有设置选项，主要功能是为图像使用软件设置的前景色与背景色生成随机云彩图案。使用云彩效果可以给图像添加一些烟雾朦胧的效果，如图 K1.6.4－14 所示。

图 K1.6.4－14

● 分层云彩：分层云彩滤镜是在云彩滤镜效果基础上，与原图像进行差值对比后合成图像，如图 K1.6.4－15 所示。

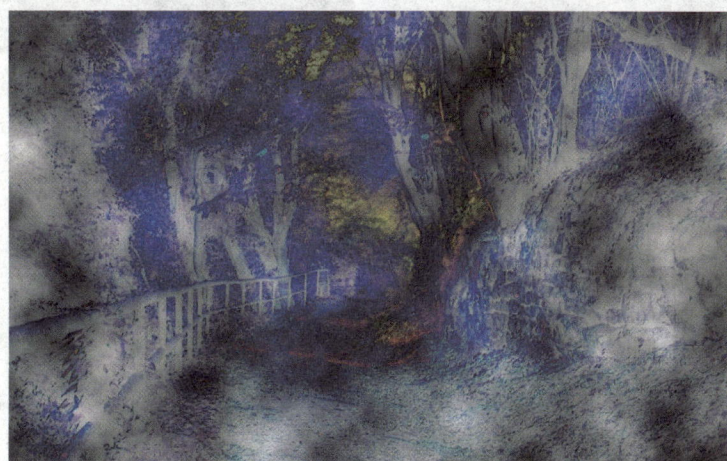

图 K1.6.4－15

● 纤维：纤维滤镜使用前景色和背景色创建如布料编辑纤维的外观效果。纤维滤镜可以结合 Photoshop 中的其他功能制作雨天效果，如图 K1.6.4－16 所示。

图 K1.6.4—16

● 光照效果：可以在图像中模拟光源照射效果。光照效果滤镜对话框可分为：工具选项栏、属性面板、光源面板三部分。

工具选项栏：在这个选项卡中可以选择 17 种不同类型光照样式，也可以存储、载入自己的光照样式，同时可以设置三种常用的光照样式，包括聚光灯、点光、无限光。

属性面板：调整图像在设置光照样式后，可以在属性面板设置当前光照样式的具体效果。如设置光照颜色及强度、聚光光照大小、着色、光泽、环境亮度等。

光源面板：显示图像中当前设置的光照样式有哪些，以及光照样式是否显示、删除光照样式等。

光照效果滤镜经常用在给图像进行补光或添加一些光照效果时使用，经常用来处理给人物或风景图添加光照。原图如图 K1.6.4—17 所示，添加光照效果后如图 K1.6.4—18 所示。

图 K1.6.4—17

图 K1.6.4—18

● 镜头光晕：模拟照相机拍摄时镜头接受光照时产生的光斑效果。镜头光晕滤镜包括多种镜头类型形成的光晕效果，同时可以根据需要调整镜头光晕的亮度，如图 K1.6.4—19 所示。

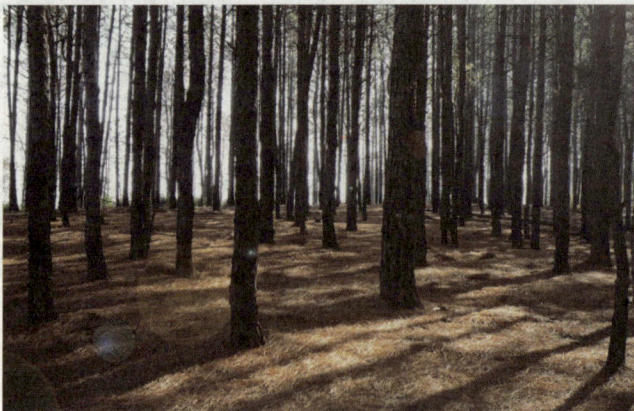

图 K1.6.4—19

### 10. 杂色

杂色滤镜主要作用是给图像中添加和去除噪点。图像中的噪点主要是一些颜色随机分布的像素。杂色滤镜组包括添加杂色、去斑、蒙尘和划痕、中间值、减少杂色，如图 K1.6.4－20 为原图，添加杂色后效果如图 K1.6.4－21 所示。

图 K1.6.4－20　　　　　　　　　　　图 K1.6.4－21

添加杂色：在图像中添加一些随机分布的噪点，可使图像整体有一种砂石颗粒的感觉。

去斑：使用去斑滤镜可以有规律地去除图像中的杂色和噪点，但去除的同时会损失图像的整体清晰度。

蒙尘和划痕：根据设定的半径和阈值去除图像中没有规律的杂点和划痕。但在去除的同时会损失图像整体清晰度。

中间值：通过模糊涂抹的方式去除图像中的杂点和划痕。

减少杂色：在图像中去除杂色和噪点，还可以去除因图像保存品质低而产生的杂色。

### 11. 高反差保留

高反差保留滤镜用来将图像中颜色变化缓的区域删掉，只保留颜色变化较大的部分。"半径"属性主要用来设置图像变化后保留颜色边缘宽度，如图 K1.6.4－22 所示。

图 K1.6.4－22

## K1.7　调色技法

### K1.7.1　对比度调整

**1. 调色技法概述**

● 调整图层与调色命令

在 Photoshop 中使用调整图层或调色命令都能进行调色。调整图层位于【图层】面板，如图 K1.7.1－1 所示；调色命令位于【图像】菜单下的【调整】菜单中，如图 1.7.1－2 所示。调整图层与调整命令的功能基本一致。

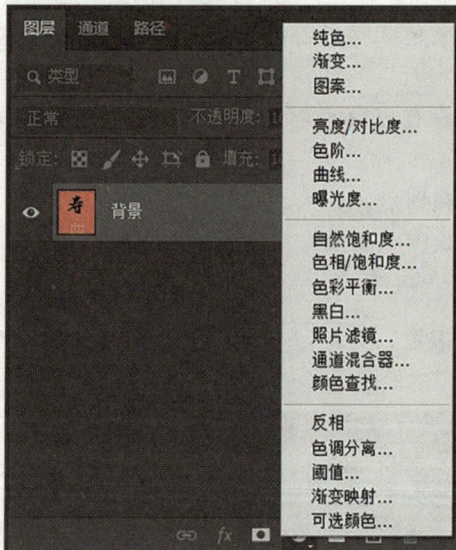

图 K1.7.1－1

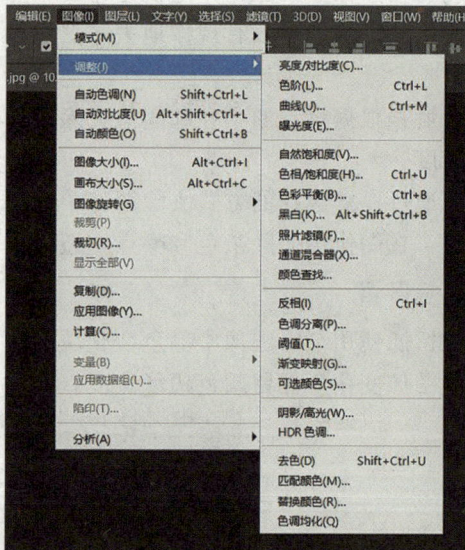

图 K1.7.1－2

调整图层与调色命令的最大差别在于，使用调色命令对图片进行调整，其改变是不可逆的，会破坏原来图片的像素，属于破坏性编辑，而使用调整图层，所有的调色结果都将放在一个新的图层上，属于非破坏性编辑。因此，对图片进行比较复杂的调色处理时，建议使用调整图层。调整图层结合蒙版对图片的局部进行精细调整，操作起来更加方便，还可以方便后续的修改和编辑。

● 纯色

选择【调整图层】→【纯色】，在目标图片上面添加一个带有纯色效果的蒙版图层。

选好颜色后单击"确定"按钮，并点选图层选项卡中该图层蒙版缩略图，可在绘图区域对该纯色图层蒙版进行调色处理，如利用画笔工具使该蒙版中部呈现透明效果，以衬托目标图片的关键内容，如图 K1.7.1－3 所示。

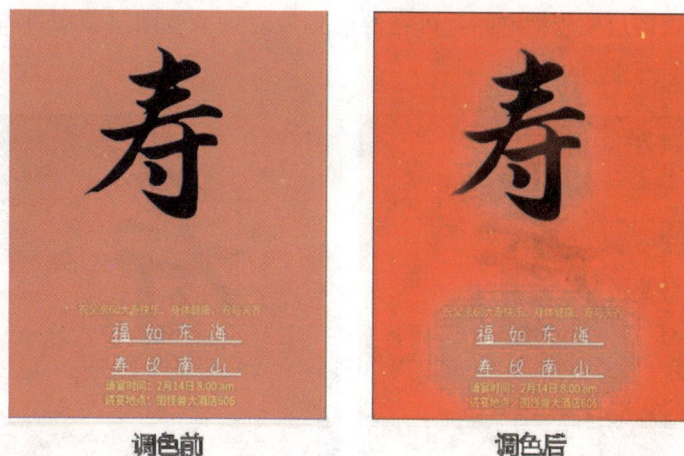

图 K1.7.1－3

● 渐变

选择【调整图层】→【渐变】，出现如图 K1.7.1－4 所示的"渐变填充"对话框，同时会在目标图片上面添加一个名为"渐变填充"的蒙版图层。点选"渐变"后面的下拉按钮，出现如图 K1.7.1－5 所示的对话框，选择预设颜色样式或者在两端色标处自定义颜色与透明度，并单击"确定"。点选"样式"后面的下拉按钮，出现如图 K1.7.1－6 所示的对话框，选择一种样式类型；然后在"角度"选项中设置好样式旋转角度，单击"确定"。

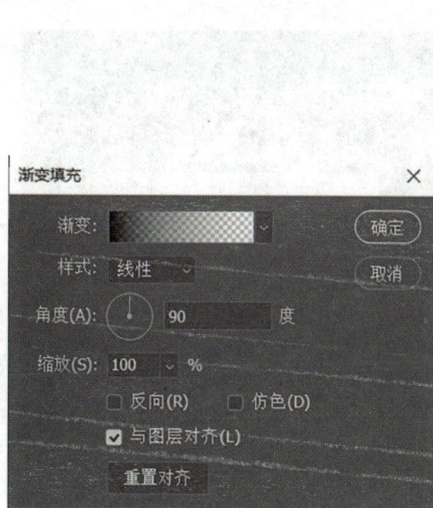

图 K1.7.1－4

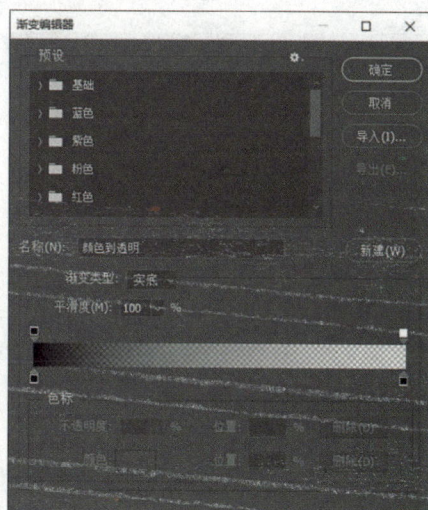

图 K1.7.1－5

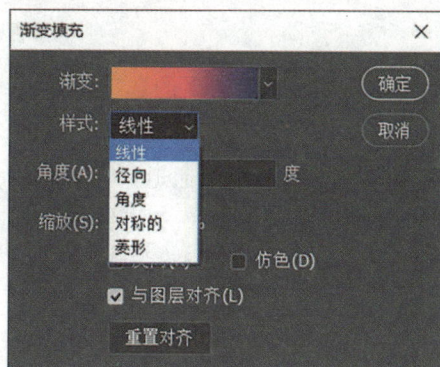

图 K1.7.1－6

点选图层选项卡中该图层蒙版缩略图，可在绘图区域对该渐变图层蒙版进行调色处理。调色前后的效果对比如图 K1.7.1－7 所示。

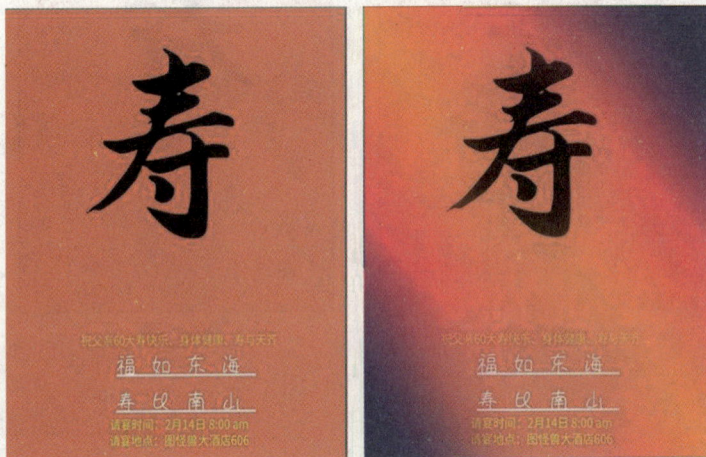

图 K1.7.1－7

## 2. 色阶

选择【调整图层】→【色阶】，会出现如图 K1.7.1－8 所示的面板，同时会在目标图片上面添加一个名为"色阶"的蒙版图层。

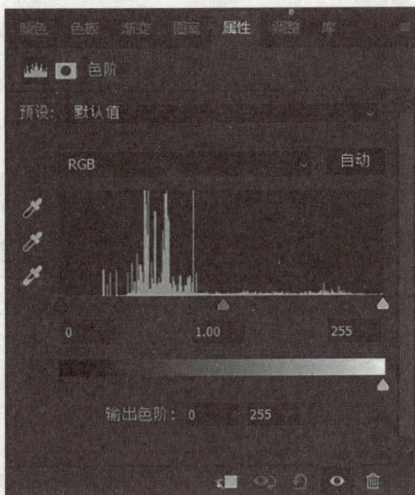

图 K1.7.1－8

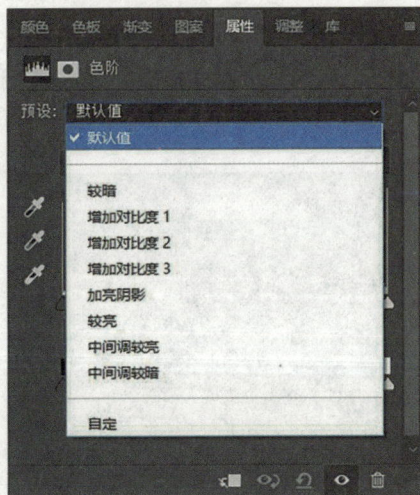

图 K1.7.1－9

● 色阶面板操作

在该面板中，可利用"预设"后面的下拉菜单中给出的选项，如图 K1.7.1－9 所示，直接给相应的蒙版图层设置对比度效果。

"预设"选项下面有"RGB""红""绿""蓝"四个颜色通道选项，如图 K1.7.1－10 所示，在这里不仅可以选择合成的颜色通道"RGB"进行调整，还可以选择不同的颜色通道进行个别调整。如果要同时调整两个通道，应先按住"Shift"键，在对话框中选择两个通道，如图 K1.7.1－11 所示，然后在色阶面板进行设置。

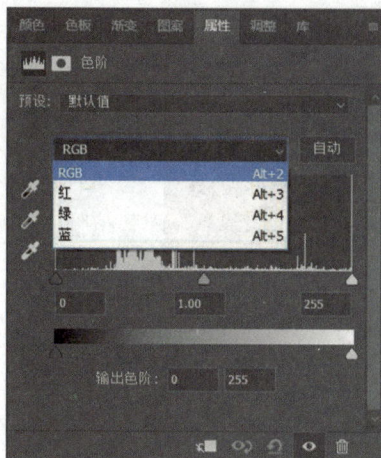

图 K1.7.1—10

图 K1.7.1—11

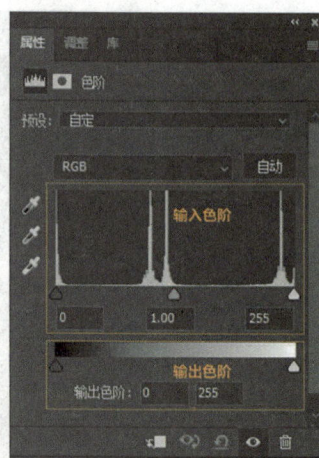

图 K1.7.1—12

在颜色通道的下方是"输入色阶"功能，如图 K1.7.1—12 所示，"输入色阶"用于显示当前的数值，其图形是根据每个亮度值（0~255 阶）处像素点的多少来划分的，最暗的像素点在左侧，最亮的像素点在右侧。可使用"输入色阶"来增加图像的对比度，直方图下面左边的黑三角用来增加图像中暗部的对比度，右边的白色三角用来增加图像中亮部的对比度，中间的灰色三角用来控制中间色调的对比度。

在"输入色阶"的下方则是"输出色阶"，其用于显示将要输出的数值。使用"输出色阶"可降低图像的对比度，黑三角用来降低图像中暗部的对比度，白三角用来降低图像中亮部的对比度，"输出色阶"下面的数值和三角的位置相对应。

● 举例说明

举例来说，假设一幅图像包含 0~255 阶的所有像素点，若要增加图像的对比度，可将"输入色阶"的黑三角拖到 70，那么原来亮度值为 70 的像素都变为 0，并且比 70 高的像素点也被相应地减少了像素值，这样做的结果是图像变暗，并且暗部的对比度增加。如图 K1.7.1—13、图 K1.7.1—14 所示为色阶修改前后的色阶样式与图片效果对比。

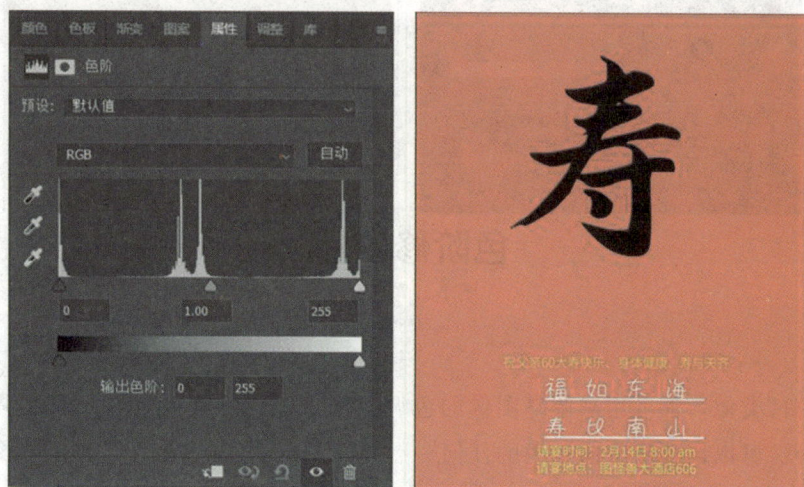

**色阶修改前**

图 K1.7.1—13

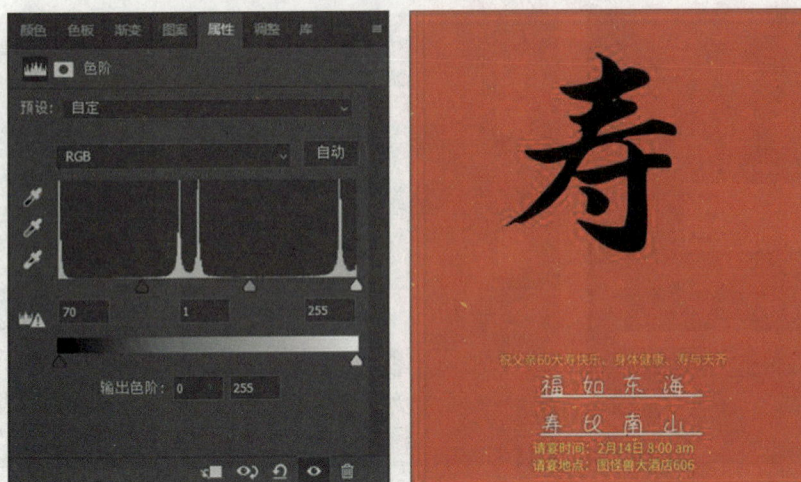

**色阶修改后**

图 K1.7.1—14

另一方面，假设要减小图像的对比度，将"输入色阶"的白三角拖到 170 处，那么原来亮度值为 255 的像素都变为 170，并且比 170 低的像素点也被相应地减少像素值，这样做的结果是使图像变亮，并且亮部的对比度增加。如图 K1.7.1—15 所示为色阶修改后的色阶样式与图片效果对比。

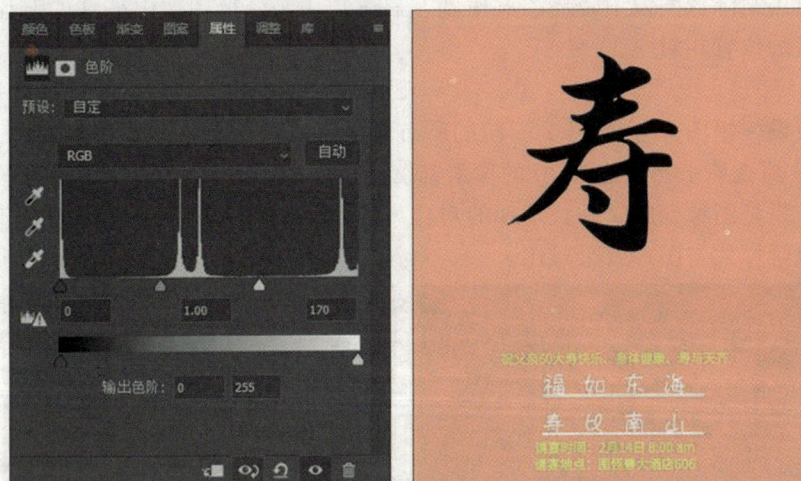

**色阶修改后**

图 K1.7.1—15

### 3. 曲线

"曲线"和"色阶"类似，都可用来调整图像的色调范围，不同的是，"色阶"只能调整亮部、暗部和中间灰度，而"曲线"可以调整灰阶曲线中的任何一点。

● 曲线面板操作

选择【调整图层】→【曲线】命令，会出现如图 K1.7.1—16 所示的曲线面板，同时会在目标图片上面添加一个名为"曲线"的蒙版图层。

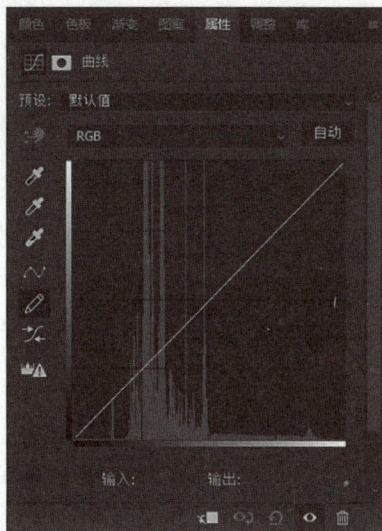
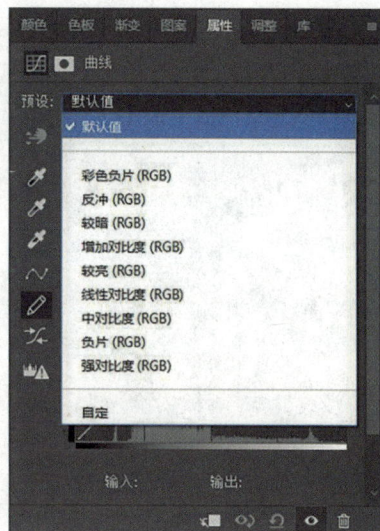

图 K1.7.1－16　　　　　　　　　　图 K1.7.1－17

　　在该面板中，"预设"包括：中对比度、反冲、增加对比度、强对比度、彩色负片、线性对比度、负片、较亮、较暗和自定 10 个选项，可以利用"预设"中的选项为目标图层蒙版快速进行色彩的调整，如图 K1.7.1－17 所示。

　　"预设"选项下面包括"RGB""红""绿""蓝"四个颜色通道选项，如图 K1.7.1－18 所示，在这里不仅可以选择合成的通道"RGB"进行调整，还可以选择不同的颜色通道来进行个别调整。如果要同时调整两个通道，首先应按住"Shift"键，在通道面板中选择两个通道，如图 K1.7.1－19 所示，然后在曲线面板中进行设置。

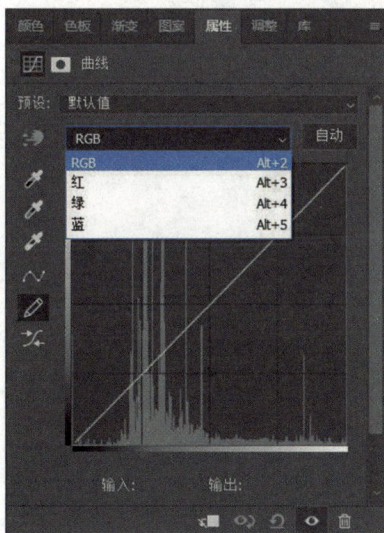
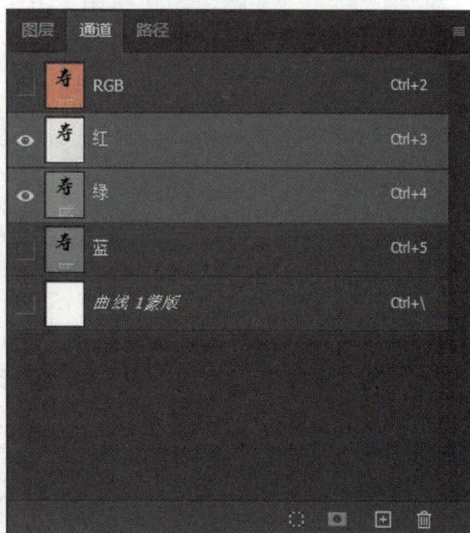

图 K1.7.1－18　　　　　　　　　　图 K1.7.1－19

　　在颜色通道的下方是一个坐标系，横轴用来表示图像原来的亮度值，相当于色阶面板中的输入色阶；纵轴用来表示新的亮度值，相当于色阶面板中的输出色阶；对角线用来显示当前"输入"和"输出"数值之间的关系，在没有进行调整时，所有的像素都有相同的"输入"和"输出"数值。曲线样式与对应的原始图片显示效果如图 K1.7.1－20 所示。

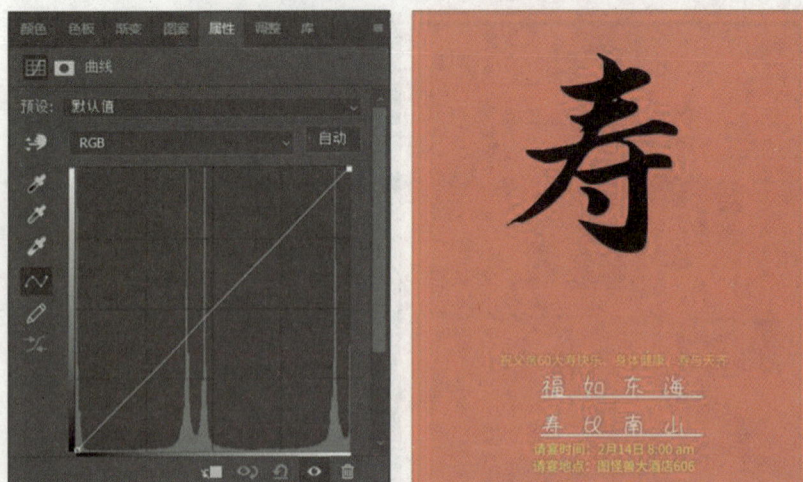

图 K1.7.1—20

　　在曲线上单击鼠标可增加一个点，用鼠标拖动此点，并将"预览"选中就可以看到图像中的变化，如图 K1.7.1—21 所示为曲线样式与对应的图片显示效果。对于较灰的图像，最常见到的调整结果是 S 形曲线，这种曲线可增加图像的对比度。S 形曲线样式与对应的图片显示效果如图 K1.7.1—22 所示。

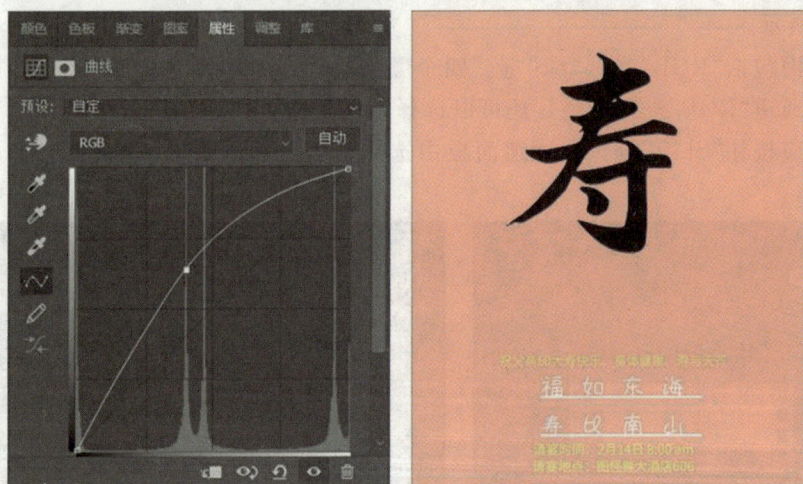

图 K1.7.1—21

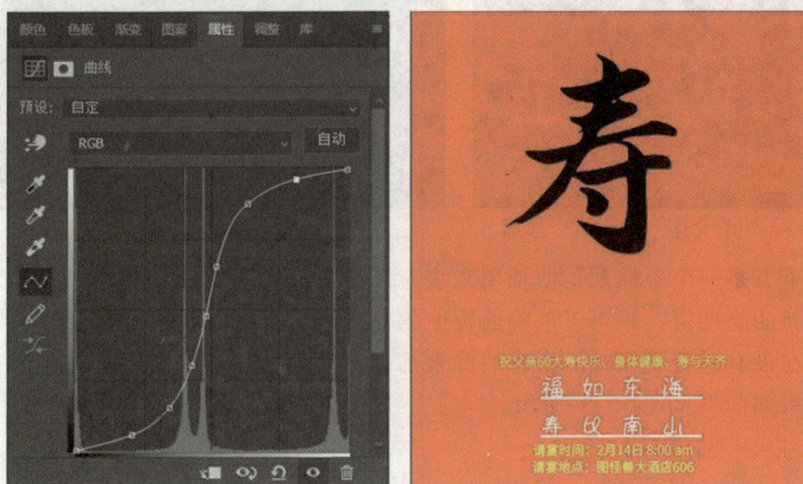

图 K1.7.1—22

在曲线面板中有一个铅笔的图标，可用它在图中直接绘制曲线，如图 K1.7.1－23 所示为用铅笔工具绘制的曲线样式。

如果需要，可用鼠标单击"平滑"按钮来平滑所画的曲线，如图 K1.7.1－24 所示为将铅笔绘制的曲线平滑后的样式。

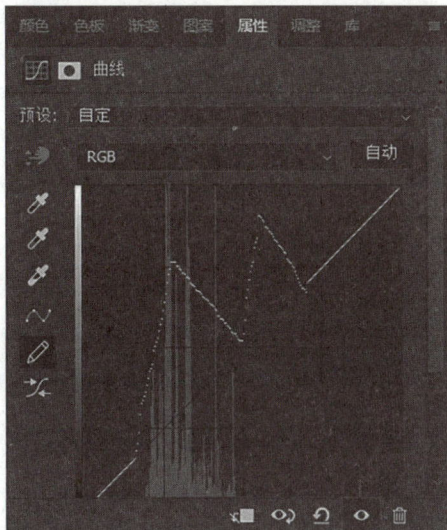 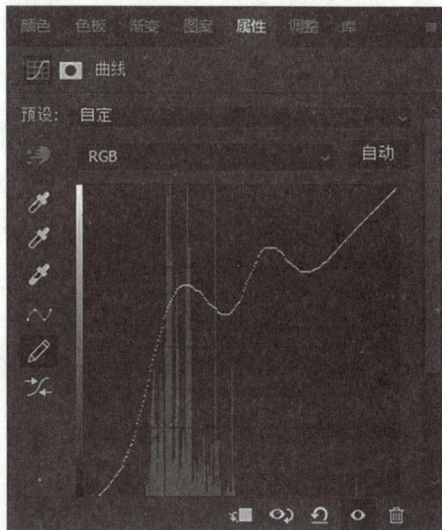

图 K1.7.1－23　　　　　　　　　　　图 K1.7.1－24

## K1. 7. 2　颜色调整

颜色调整

**1. 色相/饱和度**

"色相/饱和度"命令可以控制图像的色相、饱和度和明度。

● 色相/饱和度面板操作

选择【调整图层】→【色相/饱和度】，出现如图 K1.7.2－1 所示的设置面板，同时会在目标图片上面添加一个名为"色相/饱和度"的蒙版图层。

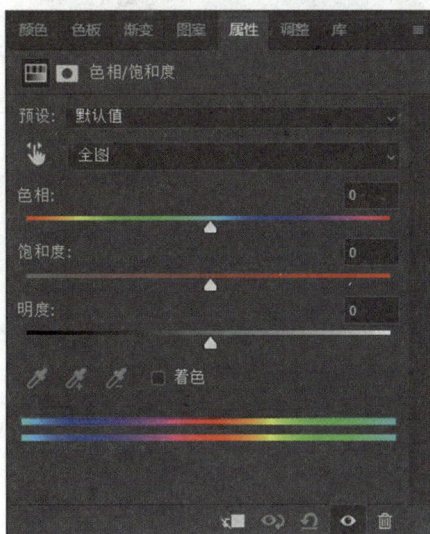 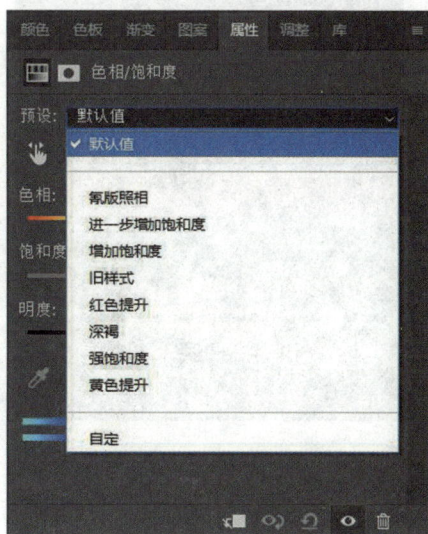

图 K1.7.2－1　　　　　　　　　　　图 K1.7.2－2

— 223 —

在该面板中，可利用"预设"中软件自带的效果对目标图层蒙版进行设置，如图 K1.7.2－2 所示。

"预设"选项下面还有全图、红色、黄色、绿色、青色、蓝色、洋红 7 个选项，可选择"全图"下面的任意一个选项，对一种颜色单独进行调整，或选择"全图"来调整所有的颜色，如图 K1.7.2－3 所示。

在面板中间部位，软件设置了三条轨道可对目标图层蒙版分别设置"色相""饱和度"和"明度"。在该面板下部还有两个色谱，上面的色谱表示调整前的状态、下面的色谱表示调整后的状态，当选择单一颜色时，如"红色"，在"色相/饱和度"面板下部的两条色谱之间就会出现如图 K1.7.2－4 所示的条状滑块，该滑块可伸缩与移动，由此可设定改变颜色与颜色衰减的范围。

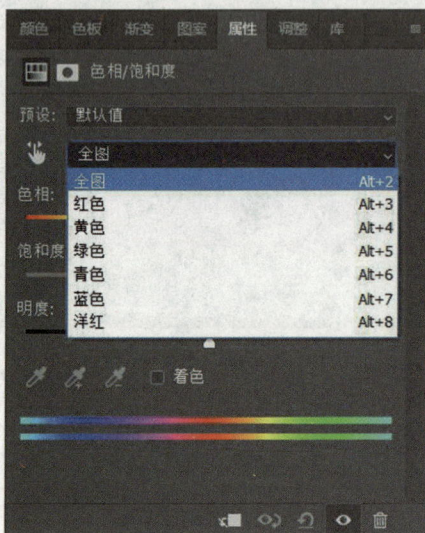 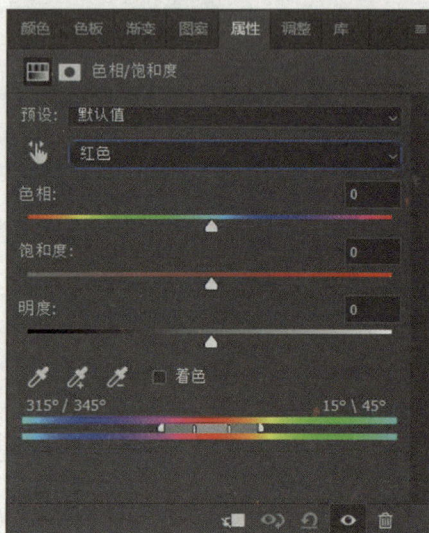

图 K1.7.2－3　　　　　　　　　图 K1.7.2－4

调整色相改变图片的颜色，对图 K1.7.2－5 调整色相后的效果如图 K1.7.2－6 所示。

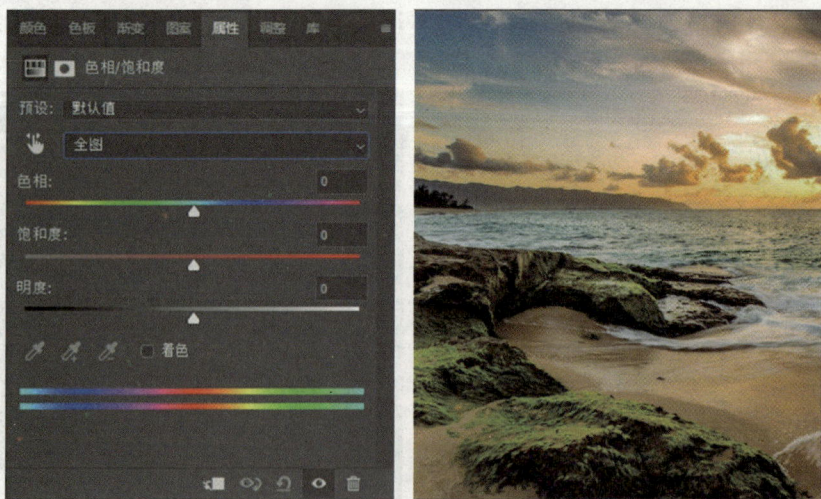

图 K1.7.2－5

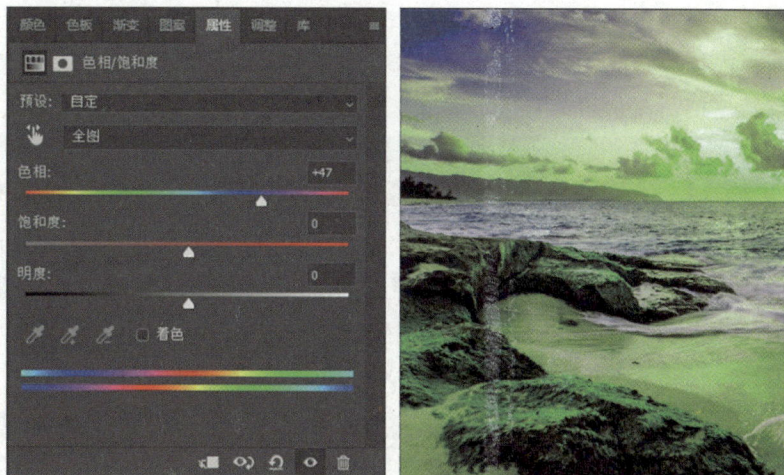

图 K1.7.2－6

调整饱和度改变色彩的鲜艳程度，对图 K1.7.2－5 提升饱和度后的效果如图 K1.7.2－7 所示。

图 K1.7.2－7

调整明度改变色彩的明暗程度，对图 K1.7.2－5 提升明度后的效果如图 K1.7.2－8 所示。这里需要注意，"色相/饱和度"中的明度指的是颜色的明暗，而不是影调的明暗，与使用曲线提亮图像有很大区别。使用明度"调亮"将导致颜色丢失，图片变"灰"。

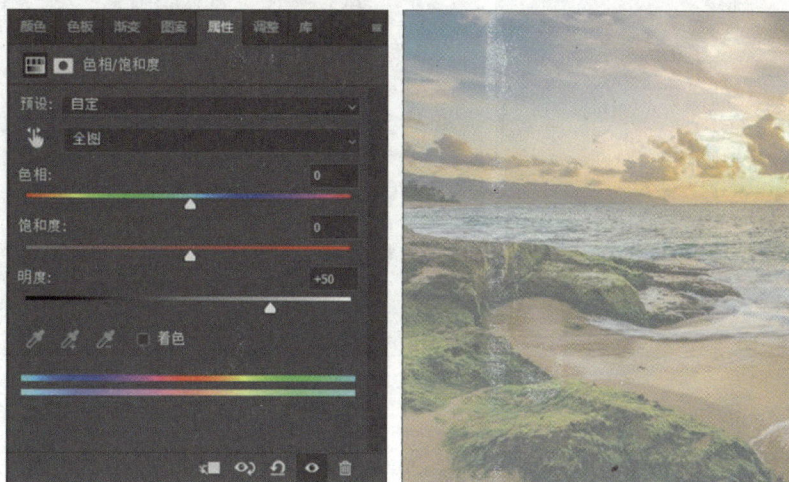

图 K1.7.2－8

在实际操作中，很少会对图片的整体色相进行调整，对图片进行局部微调居多。如果希望调整单一颜色，可在调整面板中选择相应的颜色，如图 K1.7.2－9 所示，由于原图花朵颜色为红色，所以先选择"红色"，再调整其色相，花朵颜色调整后的效果如图 K1.7.2－10 所示。

图 K1.7.2－9

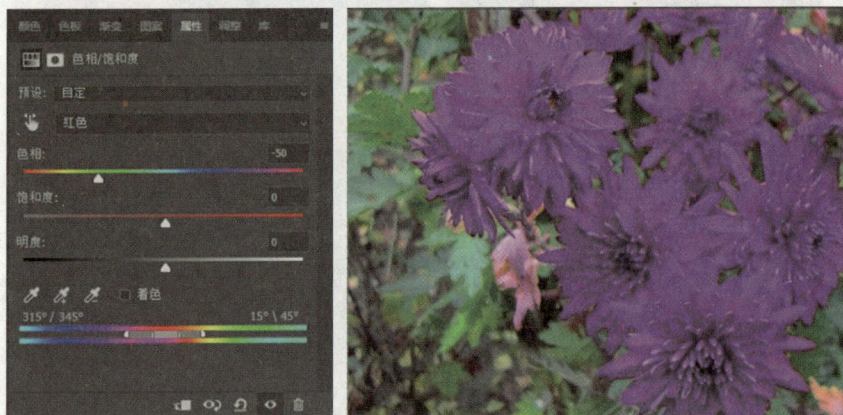

图 K1.7.2－10

如想将某些花朵还原为红色，则可将蒙版图层上相应位置处设置为透明，即可得到如图 K1.7.2－11 所示的效果。

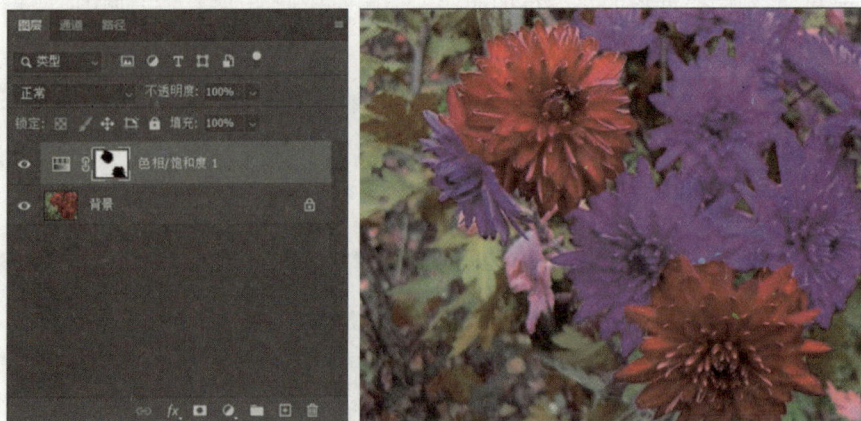

图 K1.7.2－11

面板中吸管工具的具体用法为：在单色模式下，选择吸管工具，可在图像中单击鼠标确定要调整的颜色范围（如图 K1.7.2－12 所示），用带加号的吸管工具可增加颜色范围（如图 K1.7.2－13 所示），用带减号的吸管工具可减少选择范围（如图 K1.7.2－14 所示）。

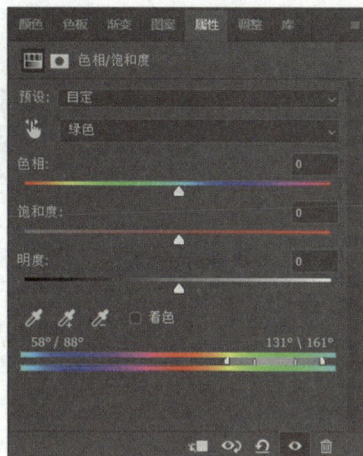

图 K1.7.2－12

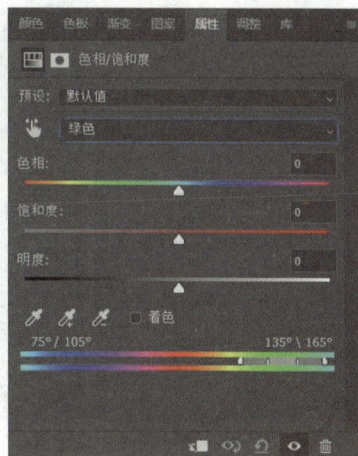

图 K1.7.2－13

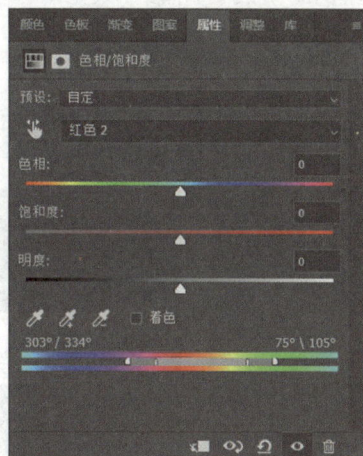

图 K1.7.2－14

　　选择"着色"后，图像变成单色，如图 K1.7.2－15 所示，拖动三角来改变"色相""饱和度"和"亮度"，得到的图像类似加滤镜的效果，如图 K1.7.2－16 所示。

图 K1.7.2－15

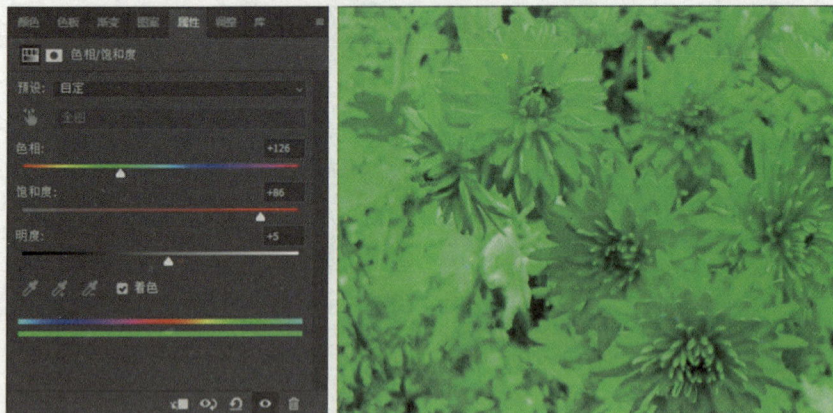

图 K1.7.2—16

## 2. 色彩平衡

色彩平衡命令可改变彩色图像中颜色的组成，此命令只是对图像进行粗略的调整，不能像"色阶"和"曲线"命令一样对图像进行较准确的调整。

● 色彩平衡面板操作

选择【调整图层】→【色彩平衡】，出现如图 K1.7.2—17 所示的面板，同时会在目标图片上面添加一个名为"色彩平衡"的蒙版图层。

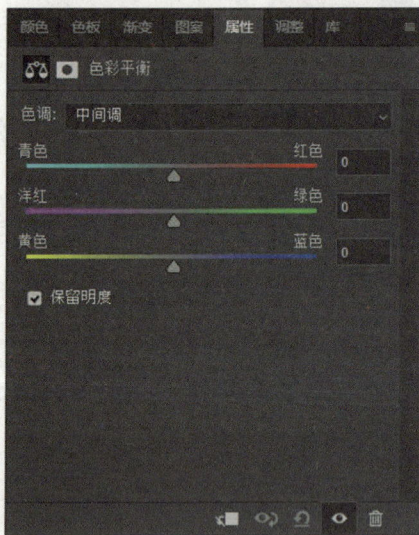

图 K1.7.2—17

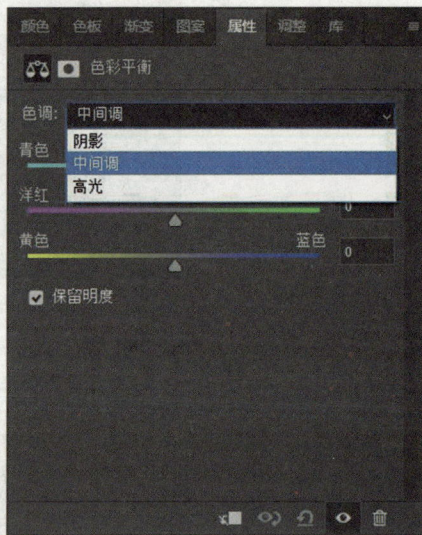

图 K1.7.2—18

在该面板中，可分别选择"色调"后面菜单中所提供的"阴影""中间调"和"高光"这三个选项来对图像的不同部分进行调整，如图 K1.7.2—18 所示。这里需要注意，并不是选中哪个选项就只调节该选项对应的色调区域，而是在调节该色调区域时，其他色调区域也会有变化，只不过变化的幅度会相对较小。

在"色调"选项下面的是带有三条滑轨的调节栏，拖动调节栏中的每条滑轨上的滑钮向左或向右移动时，可将相对应侧的颜色取代，取代的程度是由滑钮的位置所决定的。

如图 K1.7.2—19 所示的三条滑轨的颜色布置可根据色相轮(如图 K1.7.2—20 所示)中颜色的分布状态去理解。由于在色相轮中青色与红色、洋红与绿色、黄色与蓝色这三对色调均互成 180°，因此，每一对颜色可单独应用一条滑轨进行调节，由此组成面板中调节栏所示的三条滑轨。

图 K1.7.2－19                    图 K1.7.2－20

如图 K1.7.2－21 与图 K1.7.2－22 所示为在"色调"选为中间调时，调整三条滑轨前后的效果对比。

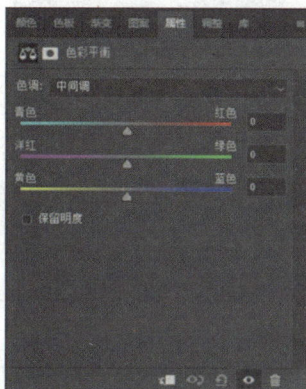

图 K1.7.2－21

图 K1.7.2－22

如果要在改变颜色的同时保持原来的亮度值，可选中"保留明度"复选框，如图 K1.7.2－23 为在如图 K1.7.2－22 所示的效果基础上选择"保留明度"的效果。

图 K1.7.2－23

### 3. 可选颜色

"可选颜色"命令可对 RGB、CMYK 和灰度等色彩模式的图像分通道调整颜色，方法如下：

● 可选颜色面板操作

选择【调整图层】→【可选颜色】命令，出现如图 K1.7.2－24 所示的设置面板，同时会在目标图片上面添加一个名为"可选颜色"的蒙版图层。

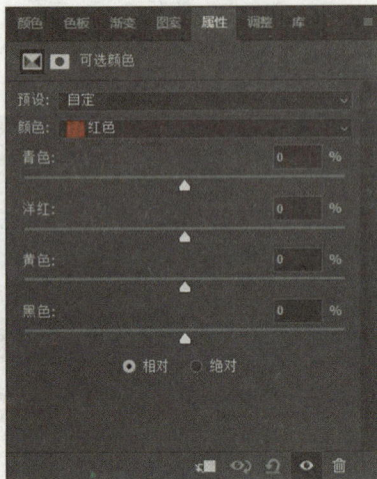

图 K1.7.2－24　　　　　　　　　图 K1.7.2－25

在该面板中"颜色"后面的菜单中，选择要修改的颜色通道，然后拖动相应三角来改变颜色的组成。如图 K1.7.2－26 与图 K1.7.2－27 所示是在"颜色"选为中性色时，调整各颜色通道前后的效果对比图。如图 K1.7.2－27 所示为选中"相对"选项后的效果图，如选中"绝对"选项，则会出现如图 K1.7.2－28 所示的效果。

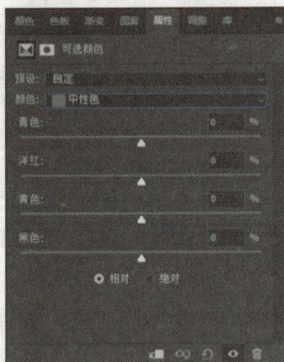

图 K1.7.2－26

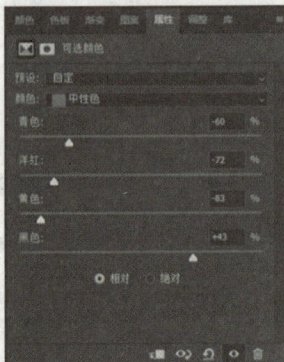

图 K1.7.2－27

图 K1.7.2—28

# 参 考 文 献

［1］Adobe 中国授权培训中心. Adobe Photoshop 国际认证培训教材［M］. 北京：人民邮电出版社，2020.

［2］刘明，牟向宇. Photoshop CC 平面设计项目案例教程［M］. 北京：中国水利水电出版社，2017.

［3］戴顿，吉莱斯皮. The Photoshop CS3/CS4 WOW! Book［M］. 北京：中国青年出版社，2011.

［4］ACAA 专家委员会，DDC 传媒. ADOBE PHOTOSHOP CS6 标准培训教材［M］. 北京：人民邮电出版社，2013.

［5］时代印象. 中文版 Photoshop CS6 平面设计实例教程［M］. 北京：人民邮电出版社，2014.

［6］张照雨，何章强. 平面广告设计与制作［M］. 北京：化学工业出版社，2021.

［7］周文明，王萱，陈炎炎. 户外广告设计与制作［M］. 北京：北京大学出版社，2012.